亚对数空间限定多墨水点交替式下推自动机的计算复杂性

王建良◎著

科学技术文献出版社
SCIENTIFIC AND TECHNICAL DOCUMENTATION PRESS
·北京·

图书在版编目（CIP）数据

亚对数空间限定多墨水点交替式下推自动机的计算复杂性 / 王建良著. —北京：科学技术文献出版社，2018. 12
ISBN 978-7-5189-5088-1

Ⅰ. ①亚… Ⅱ. ①王… Ⅲ. ①下推自动机—计算能力—研究 Ⅳ. ① TP23

中国版本图书馆 CIP 数据核字（2019）第 001482 号

亚对数空间限定多墨水点交替式下推自动机的计算复杂性

策划编辑：李　蕊　　责任编辑：赵　斌　　责任校对：王瑞瑞　　责任出版：张志平

出 版 者　科学技术文献出版社
地　　址　北京市复兴路15号　邮编 100038
编 务 部　(010) 58882938，58882087（传真）
发 行 部　(010) 58882868，58882870（传真）
邮 购 部　(010) 58882873
官方网址　www.stdp.com.cn
发 行 者　科学技术文献出版社发行　全国各地新华书店经销
印 刷 者　北京虎彩文化传播有限公司
版　　次　2018 年 12 月第 1 版　2018 年 12 月第 1 次印刷
开　　本　710 × 1000　1/16
字　　数　96千
印　　张　6.5
书　　号　ISBN 978-7-5189-5088-1
定　　价　28.00元

序

交替式下推自动机作为比交替式图灵机更为简单的计算模型，对于阐明并行与分布式计算的计算复杂性问题具有重要理论意义。目前，国际上关于亚对数空间限定的交替式图灵机的研究取得了较大的进展，但关于多墨水点交替式下推自动机的研究还比较少。

该书对亚对数空间限定多墨水点交替式下推自动机的计算复杂性问题进行了研究，主要研究工作包括：①证明了亚对数空间限定的仅有全称状态的多墨水点交替式下推自动机的计算能力随着墨水点个数的增加而增强；②研究了在亚对数空间下，仅有全称状态和仅有存在状态的多墨水点交替式下推自动机所识别的语言族的闭包属性；③研究了自验证的非确定性下推自动机随机计算模型与普通非确定性计算模型的关系，证明了在亚对数空间下，具有 1 墨水点的非确定性下推自动机的计算能力比具有 1 墨水点的自验证非确定性下推自动机的计算能力强。该书研究成果有独到见解，具有前瞻性和创新性。

王建良教授在所从事的研究领域里理论功底非常扎实。从中国海洋大学博士毕业后，扎根职业教育，教书育人，先后获得国家级教学成果奖二等奖、山东省教学成果奖特等奖等教学奖励。在承担繁重的教学和管理任务之余，还能潜心于计算机科学与技术理论前沿的研究，并取得了一些研究成果，难能可贵，令人钦佩。期望王建良教授在该领域有更多的成果问世。

中国工程院院士
国防科技大学计算机学院院长

2018 年 9 月于长沙

前　言

笔者在中国海洋大学攻读博士学位期间，导师徐建良教授在国际上率先对多墨水点交替式下推自动机进行了研究。在徐教授的指导下，笔者进行了亚对数空间限定多墨水点下推自动机的计算复杂性研究，并完成了博士论文。在前期工作的基础上，近几年，笔者结合计算机科学技术的发展，又逐步研究了具有多个墨水点交替式下推自动机的时间复杂性、空间复杂性、闭包属性等重要性质，取得了一些研究成果。现在，集腋成裘，著成本书，期待与本领域的研究者分享、交流。

交替式下推自动机是当前并行与分布式计算环境的数学模型，而墨水点是对移动智能体在宿主机器上写入信息的一种模拟，交替式下推自动机的研究对于解明基于互联网的并行与分布式计算的复杂性具有重要的理论意义。

交替式是由 Chandra、Kozen 和 Stockmeyer 提出来的一个并行与分布式计算的理论模型。交替式图灵机（Alternating Turing Machine）是对非确定性图灵机的一个扩展，它的有穷状态被分为全称状态（Universal State）和存在状态（Existential State）两种不同的计算状态。交替式图灵机采用交替的方式，不断采用存在和全称两种计算方式进行计算，已经证明，这种交替式计算模式有效地提高了计算能力，交替式下推自动机则是比交替式图灵机更为简单的计算模型。关于亚对数空间限定的交替式图灵机的研究取得了较大进展，但是，目前国际上关于多墨水点交替式下推自动机的研究还比较少。

本书引入两种类型的机器模型，即具有亚对数空间的 2 方向交替式下推自动机和具有多个墨水点的交替式下推自动机，并对这两种类型自动机模型的一些重要性质进行了深入研究，并提出了多墨水点交替式下推自动机的概念；研究了在亚对数空间下，墨水点个数对仅有全称状态的多墨水点交替式下推自动机计算能力的影响；证明了亚对数空间限定的仅有全称状态的多墨水点交替式下推自动机计算能力随着墨水点个数的增加而增强，研究了在亚对数空间下，仅有全称状态和仅有存在状态的多墨水点交替式下推自动机计算能力的关系，证明了它们的计算能力是不可比较的；论证了在亚对数空间下，仅有全称状态的多墨水点交替式下推自动机所识别的语言族，以及仅有存在状态的多墨水点交替式下推自动机所识别语言族的闭包属性，证明了这些语言族在补、与正则语言的连接、星号及保持长度的同态运算下是不封闭的；引入自验证的 1 墨水点 2 方向非确定性下推自动机，证明了在亚对数空间下，具有 1 墨水点的非确定性下推自动机计算能力比具有 1 墨水点的自验证非确定性下推自动机的计算能力强。本书最后讨论了相关的几个尚待研究解决的问题，提出了今后研究的方向。

在本书写作过程中，引用了笔者导师徐建良教授和其硕士、博士团队的一些前期研究成果，并参考了相关领域专家学者的部分论述，谨在此表示感谢。本书的出版，是笔者近年来计算机科学技术领域科研、教学及研究的部分成果总结，得到了山东省教育厅重点课题支持项目（JY2015036）和潍坊市科技发展计划项目（2015RKX005）的基金支持，特此致谢。在本书写作过程中，还得到了山东交通职业学院领导和同事们的大力支持和帮助，在此表示真诚的谢意。

2018 年 9 月于山东潍坊

目　录

第 1 章 引　言

在计算机科学领域，自动机理论和形式语言理论，对于理解计算和信息处理的概念与机制具有非常重要的作用。因为它们为计算机科学理论研究提供了一个基本的思想和数学模型。所以，这些理论的研究形成了计算机科学领域的一个非常重要而有研究意义的学术分支。

为了回答计算机科学领域的一个基本问题——计算机到底能够解决哪些问题？阿伦·图灵提出了著名的“图灵机”。这是一个非常简明的数学模型，它巧妙地模拟了计算机的工作，形式化地描述了有效程序的工作机制。此后，图灵机成为计算机的一个简练的数学模型。尽管图灵机的定义很简单，但是它有效地描述了通用计算机的计算能力。

围绕图灵机这一数学模型，历史上出现了几个计算能力互相等价的变种。其中一个最常用的模型由一个有穷控制器、一条只读输入带、一条用于存储的可读写工作带、一个输入头和一个读写头构成。可读写工作带具有一个左边界，而向右则是无限可延长的。输入带和工作带都由一些单元格构成，每个单元格可以存放一个符号。有穷控制器可以控制输入头读取输入带上的符号，也可以控制读写头读取存储在工作带上的符号，还可以在工作带上写下符号。根据输入头能否来回移动，图灵机又分为 1 个方向和 2 个方向的（一般分别称为 1 方向和 2 方向）。两带图灵机模型如图 1-1 所示。

同时，在自动机理论领域，根据图灵机中用于存储的可读写工作带的不同，还出现了其他的关于计算的理论模型。

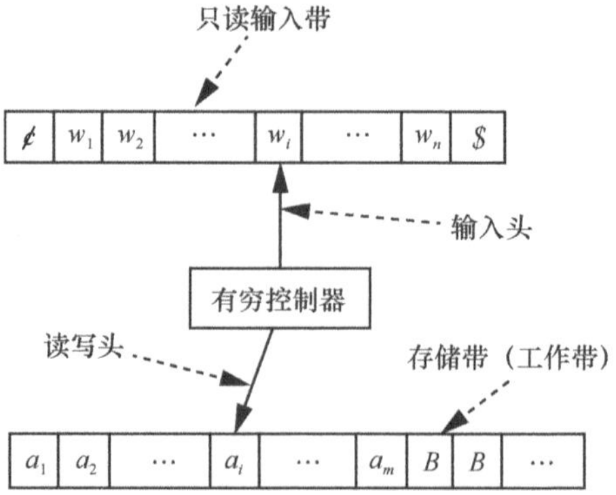

图 1-1　两带图灵机模型

① 线性有界自动机：它是一种特殊的图灵机，其可读写工作带的容量由待解决问题输入长度的一个线性函数所限定。

② 下推自动机：它的存储是一个先进后出的堆栈，称为下推栈。

③ 有穷自动机：它不具备存储带。

这些自动机之间在计算能力上的关系已经证明，即图灵机、线性有界非确定性自动机、非确定性下推自动机和有穷自动机所识别的语言的集合(也称为语言族)构成了著名的“乔姆斯基层次结构”。乔姆斯基层次结构是刻画形式文法表达能力的一个分类谱系，是由诺姆·乔姆斯基于 1956 年提出的，它包括 4 个层次：

① 0-型文法(无限制文法或短语结构文法)包括所有的文法。该类型的文法能够产生所有可被图灵机识别的语言。可被图灵机识别的语言是指能够使图灵机停机的字串，这类语言又被称为递归可枚举语言。

② 1-型文法(上下文相关文法)生成上下文相关语言。这种文法的产生式规则取如 $\alpha A\beta\rightarrow\alpha\gamma\beta$ 一样的形式。这里的 A 是非终结符号，而 α，β，γ 是包含非终结符号与终结符号的字串，α，β 可以是空串，但 γ 必须不是空串。这种文法也可以包含规则 $S\rightarrow\lambda$，但此时文法的任何产生式规则都不能在右侧包含 S，其中，S 表示初始符号，λ 为空字符串。这种文法规定的语言可以被线性有界非确定图灵机识别。

③ 2-型文法生成上下文无关语言。这种文法的产生式规则取如 $A\rightarrow\gamma$ 一样的形式。这里的 A 是非终结符号，γ 是包含非终结符号与终结符号的字串。这种文法规定的语言可以被非确定性下推自动机识别。上下文无关语言

为大多数程序设计语言的语法提供了理论基础。

④ 3-型文法(正则文法)生成正则语言。这种文法要求产生式的左侧只能包含一个非终结符号，产生式的右侧只能是空串、一个终结符号或一个非终结符号后随一个终结符号；如果所有产生式的右侧都不含初始符号 S，规则 $S \to \lambda$ 也允许出现。这种文法规定的语言可以被有限状态自动机识别，也可以通过正则表达式来获得。正则语言通常用来定义检索模式或程序设计语言中的词法结构。

正则语言类包含于上下文无关语言类，上下文无关语言类包含于上下文相关语言类，上下文相关语言类包含于递归可枚举语言类。这里的包含都是集合的真包含关系，也就是说，存在递归可枚举语言不属于上下文相关语言类，存在上下文相关语言不属于上下文无关语言类，存在上下文无关语言不属于正则语言类。

随着计算机网络和高性能计算机的发展，计算在向着并行和分布式的方向发展。为了解决并行与分布式环境下的复杂问题，需要一个能够模拟并行与分布式计算的数学模型。1981 年，Chandra、Kozen 和 Stockmeyer 提出了著名的交替性(Alternation)，为并行与分布式计算提供了一个良好的理论模型。交替式图灵机(Alternating Turing Machine)是对非确定性图灵机的一个扩展，它的有穷状态被分为全称状态(Universal State)和存在状态(Existential State)两种不同的计算状态。非确定性图灵机可看作只有存在状态的交替式图灵机。交替式自动机进入存在状态，可以在多种可能性中选择一个可行的；而进入全称状态时，就协同地对多种可能性进行并行计算，当且仅当所有可能性都可行时，整个计算才是可行的。交替式图灵机采用交替的方式，不断采用存在和全称两种计算方式进行计算。已经证明，这种交替式计算模式有效地提高了计算能力。

这种交替式计算模式是对当前网络中并行和分布式计算很好的模拟。其中，存在计算模式是对分布式计算的模拟，只要能够得到分布于互联网上的多台主机中任意一台的计算资源即可；而全称计算模式是对并行计算的模拟，在获取到的主机的多个 CPU 上并行处理，必须所有的并行计算分支都返回结果，才能够得出计算结果。

同时，为了描述计算机完成给定任务的复杂程度，计算机科学理论研究者提出了计算复杂性的概念。时间和空间(存储容量)是衡量计算复杂性的两个最重要的尺度。计算复杂性理论的一个核心概念是复杂性语言族(Complexity Class)，它包含了给定资源(时间或空间)限制下，某种自动机所能识别的所有语言。这种时间和空间的限制通常表示为输入的长度的某个函数。计算机科学领域的许多难解而重要的问题，就是有关不同资源下的复杂性语言族之间的包含关系的。因为两种不同性质的语言族之间的真包含关系很好地反映了不同计算模型在计算能力上的差别。

空间复杂性的概念是由 Stearns、Lewis 和 Hartmanis 于 1965 年提出的，是对图灵机在解决问题时所使用的工作带单元格个数的一个度量。例如，如果计算所使用的空间是输入长度的多项式函数，就称为多项式空间限定；如果是输入长度的对数，则称为对数空间限定。

其后，具有较小空间复杂度(特别是具有亚对数空间复杂度)的图灵机的研究非常活跃，取得了可喜的成果。下推自动机作为一个比图灵机更简单的计算模型，在形式语言与计算复杂性理论的研究中占有重要地位。但是，就我们所知，关于具有较小空间复杂度的下推自动机的研究还非常少。Stearns、Lewis 和 Hartmanis 证明了：

① $o(n)$空间限定 1 方向确定性下推自动机只能认识正则语言。

② 对于空间复杂性在 $\log\log n$ 和 $\log n$ 之间的确定性下推自动机，存在无穷的空间复杂性层次。

Gabarro 证明了：

① 存在一个非正则语言，能够被 $n^{1/q}(q\geqslant 2)$ 或 $\log n$ 空间限定 1 方向非确定性下推自动机认识。

② 亚线性空间限定的 1 方向非确定性下推自动机所识别的语言族是一个全-A. F. L (full-A. F. L)。

Duris 和 Galil 证明了：

① 对于任意的函数 $\log\log n\leqslant L(n)=o(n)$，$L(n)$空间限定 2 方向确定性下推自动机的语言认识能力弱于 $L(n)$空间限定 2 方向确定性图灵机。

② $o(n)$空间限定 2 方向确定性下推自动机只能认识一元字母表上的正则语言。

③ 存在能够被强 $\log\log n$ 空间限定 2 方向确定性下推自动机认识的非正则语言。Yoshinaga 和 Inoue 研究了具有亚线性空间的多计数器自动机(Multi-Counter Automata)的一些性质，证明了在亚线性空间下，计数器个数的增加

能够提高计算能力。具有计数器的自动机(Counter Automata)是一种特殊的下推自动机，其下推栈只能存储一种符号，从而只能用来计数。

确定性计算(Deterministic)、非确定性计算(Nondeterministic)和随机计算(Randomized Computation)之间的关系是理论计算机科学领域一个重要的研究内容。其中一个最著名的难题就是多项式时间限定的确定性图灵机所识别的语言族 P 与多项式时间限定的非确定性图灵机所识别的语言族 NP 之间的关系是否为真包含关系。对于空间复杂性来说，就是对数空间限定的确定性图灵机所识别的语言族(L)与对数空间限定的非确定性图灵机所识别的语言族(NL)的关系是否为真包含关系。但是，这些问题到目前为止仍未得到解决。

随机计算的一个重要模型是自验证(Self-Verifying)的有穷自动机，它允许计算机在计算过程中回答“我不知道”。如果自动机回答“我不知道”的概率不超过 1/2，则称为拉斯维加斯有穷自动机(Las Vegas Finite Automata)。Duris 等研究了拉斯维加斯有穷自动机、自验证的有穷自动机及确定性有穷自动机在计算能力上的关系。Jiraskova 等给出了一种把自验证的有穷自动机转换为确定性有穷自动机的方法。Yoshinaga 等研究了自验证的多计数器自动机的时间复杂性，证明了在多项式时间下，具有 k 个计数器的确定性自动机、拉斯维加斯自动机、自验证的自动机和非确定性自动机的计算能力是依次增强的。

为了严格地分开确定性语言族和非确定性语言族，Ranjan 等提出了一个稍加修改的图灵机模型，称为 1 个墨水点（一般称为 1 墨水点）图灵机。

1 墨水点图灵机是一个拥有 1 墨水点的 2 方向图灵机，它能够用该墨水点标志出输入带上的一个单元格而不会损坏单元格的内容。这种自动机的下一步动作由当前状态、当前读入的输入字符和工作带上的字符，以及当前读到的输入带单元格里有无墨水点决定。文献[45]证明了对于 1 墨水点图灵机，亚对数空间限定的确定性语言族和非确定性语言族是不相等的；而对于没有墨水点的亚对数空间限定的确定性语言族和非确定性语言族，它们之间的关系仍然是未知的。此后，关于 2 方向 1 墨水点图灵机的研究见于文献[15，28]。Inoue 等证明了存在一个语言能够被强 loglog n 空间限定 1 墨水点非确定性图灵机认识，但不能被弱 $o(\log n)$ 空间限定非确定性图灵机认识。Inoue 和 Yoshinaga 提出了多墨水点图灵机，这是对 1 墨水点图灵机的自然扩展。墨水点图灵机模型如图 1-2 所示。一个 k 墨水点图灵机（$k\geq 1$），

是一个具有 k 墨水点的图灵机，从而能够标记输入带上的最多 k 个单元格，一次只能标记 1 个。文献[31]证明了对于非确定性的亚对数空间限定复杂性语言族，具有 $(k+1)$ 墨水点的图灵机，其计算能力优于只有 k 墨水点的图灵机。

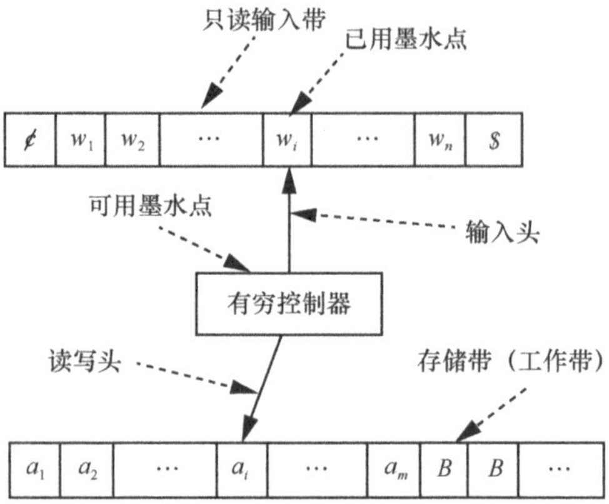

图 1-2　1 墨水点图灵机模型

Yoshinaga 等首次提出自验证的 1 墨水点非确定性图灵机，并证明了在亚对数空间下，具有 1 墨水点的非确定性图灵机的计算能力强于自验证的 1 墨水点非确定性图灵机。

近年来，关于具有较小空间复杂度(特别是具有亚对数空间复杂度)的交替式图灵机的研究取得了较大进展，得到了很多重要的性质和有意义的结果。最近，Inoue 和 Takanami 提出了 1 墨水点交替式图灵机，并且证明了存在一个语言能够被强 loglog n 空间限定的 1 墨水点交替式图灵机识别，却不能被任何弱 $o(\log n)$ 空间限定的没有墨水点的交替式图灵机识别。Inoue 等还研究了具有 1 墨水点的全交替图灵机、非确定性图灵机和仅有全称状态的交替式图灵机的关系，证明了在亚对数空间下，全交替图灵机的计算能力强于非确定性图灵机和仅有全称状态的交替式图灵机。Yoshinaga 等把 1 墨水点交替式图灵机推广到了多墨水点交替式图灵机，并且证明了对于亚对数空间限定的仅有全称状态的多墨水点交替式图灵机，每增加一个墨水点，都能够提高计算能力。

具有较小空间复杂性的交替式下推自动机的研究是非常有意义的，因为我们认为交替式下推自动机是一个比交替式图灵机更简单的并行计算模型。

但是，就我们所知，对于具有较小空间复杂性的交替式下推自动机的研究还很少。Yoshinaga 等研究了具有多个计数器的交替式自动机的一些性质。徐建良教授等在文献[60]中首次引入交替式下推自动机，并对其性质进行了研究，并在随后的研究中得出了许多有意义的结果。徐建良教授等还首次引入墨水点交替式下推自动机，初步研究了在亚对数空间下 1 个墨水点对计算能力的影响，以及 1 墨水点交替式下推自动机的交替层次（Alternation Hierarchy）。

本书在徐建良教授等工作的基础上，研究亚对数空间下多个墨水点对计算能力的影响，并且证明，仅有全称状态(或仅有存在状态)的多墨水点交替式下推自动机的计算能力随墨水点个数的增加而增强。我们还首次引入自验证的 1 墨水点非确定性下推自动机，它是比自验证的非确定性图灵机更简洁的模型，并证明了在亚对数空间下，1 墨水点非确定性下推自动机的计算能力强于自验证的 1 墨水点非确定性下推自动机。

复杂性语言族的闭包属性(Closure Property)是形式语言与计算复杂性理论中另一个重要的研究内容。闭包属性反映了复杂性语言族及其相关运算的完备性。闭包属性在计算机理论科学中应用很广。例如，关系在关系代数运算下的结果仍为关系，我们称关系集合在关系代数运算下封闭，从而保证了关系运算的完备性和可操作性。这为关系数据库的发展提供了坚实的理论基础。徐建良教授等对亚对数空间限定的交替式下推自动机所识别语言族的闭包属性进行研究，得到了许多有意义的结果。在文献[68]中，徐建良教授等研究了亚对数空间限定的仅有全称状态(或仅有存在状态)的 1 墨水点交替式下推自动机的闭包属性。本书扩展这个结果，研究亚对数空间限定的多墨水点下推自动机的闭包属性，并证明文献[68]的相关结果对于多个墨水点仍然成立。

在本书中，我们研究两类下推自动机，它们是：

① 亚对数空间限定的交替式下推自动机；

② 亚对数空间限定的多墨水点交替式下推自动机，它是具有有限多个墨水点的交替式下推自动机。

本书也研究了与亚对数空间限定的交替式图灵机相关的一些问题和结果。除了作为引言的本章外，本书还有其他 8 章。

第 2 章给出了形式语言与自动机理论中一些重要的概念和记号，为后面几章的研究提供基础。

第 3 章给出了 2 方向交替式下推自动机（Two-Way Alternating Pushdown Automata，2APDA）及其所识别的语言族的定义，同时给出了一些贯穿全文的记号，证明了一个贯穿全文的基本引理。令 *strong*-2APDA（$L(n)$）表示被强$L(n)$空间限定的 2 方向交替式下推自动机所识别的语言的集合，令 *weak*-2APDA（$L(n)$）表示被弱 $L(n)$空间限定的 2 方向交替式下推自动机所识别的语言的集合。令 *weak*-2ATM（$L(n)$）表示被弱 $L(n)$空间限定的 2 方向交替式图灵机所识别的语言的集合。

在第 4 章，我们首先提出多墨水点交替式下推自动机（Multi-Inkdot Two-Way Alternating Pushdown Automaton）的概念。一个 k 墨水（$k \geqslant 0$）点交替式下推自动机（k-Inkdot Two-Way Alternating Pushdown Automaton，$2APDA^k$）是一个具有 k 个墨水点的 2APDA，它可以使用这 k 个墨水点标记出输入带上的 k 个单元格。一旦某个墨水点被用来标记输入带上的某个单元格后，这个墨水点就不会被清除掉，从而也不能回收再利用，而且最多有 k 个可用的墨水点。我们首先研究在亚对数空间下，墨水点个数对仅有全称状态的多墨水点交替式下推自动机计算能力的影响。对于任意的整数 $k>0$ 和任意的函数 $L(n)$，我们用 *strong*-$2UPDA^k$（$L(n)$）[或 *weak*-$2UPDA^k$（$L(n)$）]表示能够被强（或弱）$L(n)$空间限定的仅有全称状态的 $2APDA^k$ 所识别的语言的集合，用 *strong*-$2NPDA^k$（$L(n)$）［或 *weak*-$2NPDA^k$（$L(n)$）］表示能够被强（或弱）$L(n)$空间限定的非确定性 $2APDA^k$ 所识别的语言的集合。令 *weak*-$2UTM^k$（$L(n)$）表示能够被弱 $L(n)$空间限定的 k 个墨水点且仅有全称状态的交替式图灵机所识别的语言的集合。文献[61]证明了对于任意的 $m \in \{strong, weak\}$，任意的整数 $k \geqslant 0$ 和任意的函数 $\log\log n \leqslant L(n) = o(\log n)$，有 m-$2NPDA^k$（$L(n)$）$\notin m$-$2NPDA^{k+1}$（$L(n)$）。本书证明了 *strong*-$2UPDA^{k+1}$（$\log\log n$）− *weak*-$2UTM^k$（$o(\log n)$）$\neq \varnothing$。从而得出，在亚对数空间下，仅有全称状态的 $2APDA^k$ 的计算能力在墨水点个数上也存在一个无穷的层次性。对于任意的整数 $k \geqslant 0$，我们进一步研究在亚对数空间下，仅有全称状态的 $2APDA^k$（$2UPDA^k$）和非确定性 $2APDA^k$（$2NPDA^k$）在计算能力上的关系。我们证明了对于任意的 k，$k'>1$，任意的 m，$m' \in \{weak, strong\}$，以及任意的函数 $L(n)$满足 $\log\log n \leqslant L(n) = o(\log n)$，复杂性语言族 m-$2UPDA^k$（$L(n)$）和 m'-$2NPDA^{k'}$（$L(n)$）是不可比较的。这个结果是对文献[67]结果（仅限于 1 个墨水点的情况)的一个扩展。

在第5章中，我们研究在亚对数空间下，$2UPDA^k$和$2NPDA^k$所识别的语言族的闭包属性。对于任意的$m\in\{strong, weak\}$，任意的整数$k\geqslant 0$和任意的函数$\log\log n\leqslant L(n)=o(\log n)$，我们证明了语言族$m$-$2NPDA^k(L(n))$在交运算上不封闭，而语言族$m$-$2UPDA^k(L(n))$在并运算上不封闭。我们还证明了语言族$m$-$2NPDA^k(L(n))$和语言族$m$-$2UPDA^k(L(n))$在补、与正则语言的连接、星号及保持长度的同态运算下不封闭。

第6章研究了墨水点个数为0时的全交替下推自动机的闭包属性。证明了对于任意的函数$L(n)$满足$\log\log n\leqslant L(n)=o(\log n)$，复杂性语言族*strong*-2APDA($L(n)$)和*weak*-2APDA($L(n)$)在连接、星号及保持长度的同态运算下均是不封闭的，从而解决了文献[65]中列出的3个未解决问题。但是，在墨水点数大于0时，亚对数空间限定的全交替下推自动机的闭包属性仍然是未解决的难题。

第7章提出了自验证的1墨水点2方向非确定性下推自动机（Self-Verifying 1-Inkdot Two-Way Nondeterministic Pushdown Automaton），它是具有1墨水点的自验证非确定性自动机。对于任意的输入，这种自动机M可以给出3种回答：“是”“否”和“我不知道”。M不可犯错误，如果它回答“是”，则该输入必须在M所识别的语言$L(M)$中，如果它回答“否”，则该输入一定不在$L(M)$中。除此之外，M可以使用它的下推栈作为存储，还可以使用所拥有的1个墨水点标记出输入带上的一个单元格。对于任意的函数$L(n)$，我们用*strong*-$2NPDA^*(L(n))$［或*weak*-$2NPDA^*(L(n))$］表示被强(或弱)$L(n)$空间限定的1墨水点2方向非确定性下推自动机所识别的语言的集合，用*strong*-$2SVNPDA^*(L(\mathrm{n}))$［或*weak*-$2SVNPDA^*(L(n))$］表示被强(或弱)$L(n)$空间限定的自验证的1墨水点2方向非确定性下推自动机所识别的语言的集合。对于任意的函数$L(n)$，我们用*weak*-$2SVNTM^*(L(n)))$表示被弱$L(n)$空间限定的自验证的1墨水点2方向非确定性图灵机所识别的语言的集合。我们证明了*strong*-$2NPDA^*(\log\log n)-$*weak*-$2SVNTM^*(o(\log n))\neq\varnothing$。因此，对于任意的$m\in\{strong, weak\}$和任意的函数$\log\log n\leqslant L(n)=o(\log n)$，我们就得到了语言族$m$-$2SVNPDA^*(L(n))$和$m$-$2NPDA^*(L(n))$的关系是真包含的关系。

第8章研究了亚对数空间限定的多墨水点交替式下推自动机的闭包属性。证明了在亚对数空间下，具有有限多个墨水点的仅有全称状态的交替式下推自动机在星号、保持长度的同态，以及与正则语言的连接等运算下是不封闭的。但是，对于确定性的下推自动机，它在这些运算下是否也不封闭还是一个未解决的问题。希望在今后的研究中解决这个问题。

第 9 章总结了本书所得到的结论及其意义，同时还提出了今后研究工作的方向，列出了几个相关的尚待研究解决的问题。

第2章

形式语言与自动机

本章将简要阐述形式语言理论、自动机理论及抽象代数的有关概念和术语，其他一些有关概念和术语可以参考文献[10，17，20-21，48，50]。

2.1 抽象代数知识准备

令集合 S 为一组抽象物体的集合，则我们用 $|S|$ 来表示该集合的基数，即该集合所包含的元素的个数。如果 S 为一集合使得 $|S|<\infty$，则称 S 为有穷集合，否则称 S 为无穷集合。给定集合 S，使用记号 $x\in S$ 及 $x\notin S$ 来分别表示 x 是集合 S 的成员及 x 不是集合 S 的成员。

若集合 A 中的每个元素均为集合 S 的元素，则集合 A 称为集合 S 的一个子集，此时将其记为 $A\subseteq S$，并称 A 包含于 S 中或 S 包含 A。如果 $A\subseteq S$ 且 $A\neq S$，则将之记为 $A\subsetneq S$，并称 A 真包含于 S 中或 A 是 S 的一个真子集。空集是不含有任何元素的集合，将之记为 $\varnothing$，空集为任何集合的子集。给定一个集合 S，记号 $A=\{x\mid x\in S\&P(x)\}$ 表示集合 A 是由集合 S 中所有满足条件 P 的元素所组成的集合。

常用的集合操作有如下几种。

① 并：给定两个集合 A 与 B，则集合 A 与 B 的并集记为 $A\cup B$，由满足以下条件的所有元素组成：

$$A\cup B=\{x\mid x\in A \text{ 或 } x\in B\}。\tag{2-1}$$

② 交：给定两个集合 A 与 B，则集合 A 与 B 的交集记为 $A\cap B$，由满足以下条件的所有元素组成：

$$A\cap B=\{x \mid x\in A \text{ 且 } x\in B\}。\tag{2-2}$$

③ 差：给定两个集合 A 与 B，则集合 A 与 B 的差集记为 $A-B$，由满足以下条件的所有元素组成：

$$A-B=\{x \mid x\in A \text{ 且 } x\notin B\}。\tag{2-3}$$

④ 补：给定集合 A，则集合 A 的补集记为 $\overline{A}$，由满足以下条件的所有元素组成：

$$\overline{A}=\{x \mid x\notin A\}。\tag{2-4}$$

⑤ 乘(笛卡尔积)：给定两个集合 A 与 B，则集合 A 与 B 的笛卡尔积记为 $A\times B$，由满足以下条件的所有元素组成：

$$A\times B=\{(a,\ b) \mid a\in A \text{ 且 } b\in B\}。\tag{2-5}$$

⑥ 幂集：集合 A 的幂集由集合 A 的所有子集组成，记为 2^A。

定义 2.1 从集合 A 到集合 B 的一个二元关系或简单地称为关系是笛卡尔积 $A\times B$ 的一个子集。

令 R 是从集合 A 到集合 B 的一个关系，如果 $(x,\ y)\in R$，则通常将其记为 xRy。

定义 2.2 等价关系是一种特殊的二元关系，它通过某种特征把两个对象等同起来。如果二元关系 R 满足下述 3 个条件，则 R 是一个等价关系。

① R 是自反的，即对每一个 x，xRx；

② R 是对称的，即对每一个 x 和 y，xRy 当且仅当 yRx；

③ R 是传递的，即对每一个 x，y 和 z，xRy 和 yRz 蕴含 xRz。

定义 2.3 函数建立一个输入到输出的关系。设 f 是一个函数，当输入值为 a 时，它的输出值为 b，则记作 $f(a)=b$。

函数的所有可能的输入组成的集合称为它的定义域，函数的输出也取自于一个集合，称为它的值域。记号 f：$D\to R$ 表示 f 是定义域为 D 到值域 R 的一个函数。

2.2 形式语言与自动机

2.2.1 字符串和语言

字母表是任意一个有穷集合。字母表的成员是该字母表的符号。通常用

大写希腊字母 Σ 和 Γ 表示字母表。

字母表上的字符串是该字母表中符号的有穷序列。设 w 是 Σ 上的一个字符串，w 的长度等于它包含的符号数，记为 $|w|$。长度为零的字符串叫空串，记作 λ。Σ^* 表示字母表 Σ 上的所有字符串(包括 λ)的集合。对于任意的整数 $n\geqslant 0$，Σ^n 表示字母表 Σ 上的所有长度为 n 的字符串。w 的反转(或 w 的镜像)是按照相反的顺序写 w 所得到的字符串，记作 w^{R}。如果字符串 z 连续地出现在 w 中，则称 z 是 w 的子串。

设 $x=x_1x_2\cdots x_m$ 和 $y=y_1y_2\cdots y_n$ 是长度分别为 m 和 n 的字符串，x 与 y 的连接是把 y 附加在 x 的后面得到的字符串，记作 xy，即 $xy=x_1x_2\cdots x_my_1y_2\cdots y_n$。

语言是字符串的集合，具有某些相同属性的语言的集合称为语言族。通过语言之间的运算，可以研究语言族的性质。

定义 2.4　设 A 和 B 是两个语言，定义几种主要的运算如下：

① 并：$A\cup B=\{x\mid x\in A$ 或 $x\in B\}$；

② 交：$A\cap B=\{x\mid x\in A$ 且 $x\in B\}$；

③ 补：$\overline{A}=\{x\mid x\notin A\}$；

④ 连接：$AB=\{xy\mid x\in A$ 且 $y\in B\}$；

⑤ 星号：$A^*=\{x_1x_2\cdots x_k\mid k\geqslant 0$ 且每一个 $x_i\in A\}$。

如果把某种运算应用于某个语言族的成员得到的语言仍在这个语言族中，则称这个语言族在该运算下封闭。

2.2.2　有穷状态自动机

定义 2.5　确定性有穷状态自动机(DFA)是一个 5 元组(Q，Σ，δ，q_0，F)，其中：

① Q 是一个有穷集合，叫作状态集；

② Σ 是一个有穷集合，称为字母表；

③ δ：$Q\times\Sigma\rightarrow Q$ 是转移函数；

④ $q_0\in Q$ 是起始状态；

⑤ $F\subseteq Q$ 是接受状态集。

可以把有穷状态自动机形象地描述为一台由带有一个输入头的有穷控制器和一条只读输入带的机器。M 的输入被放置在输入带的左边界符号 ¢ 和右边界符号 \$ 之间。有穷状态自动机模型如图 2-1 所示。

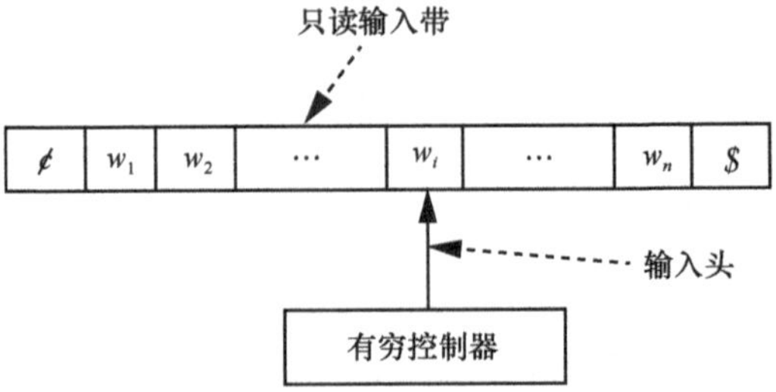

图 2-1　有穷状态自动机模型

M 使用输入头从左至右一个接一个地读取输入带上的符号。读到一个符号后，M 的有穷控制器根据转移函数从一个状态进入另一个状态。当读到最后一个符号时，M 产生出它的输出。如果 M 此时处于一个接受状态，则输出为接受，否则输出为拒绝。如果 M 的输入头只能向右移动，我们称这样的自动机为 1 方向的，如果 M 的输入头可以来回地左右移动，则称为 2 方向的。

设 A 是机器 M 接受的全部字符串集，称 A 为机器 M 的语言，记作 $L(M)=A$。又称 M 识别 A。

定义 2.6　非确定性有穷状态自动机(NFA)是一个 5 元组(Q，Σ，δ，q_0，F)，其中：

① Q 是一个有穷状态集；

② Σ 是一个有穷字母表；

③ δ：$Q\times\Sigma\to 2^Q$ 是转移函数；

④ $q_0\in Q$ 是起始状态；

⑤ $F\subseteq Q$ 是接受状态集。

非确定性有穷状态自动机在某个状态读到一个输入符号时，要进入的下一个状态是不确定的，可能是多个状态的集合。设 $N=(Q,\ \Sigma,\ \delta,\ q_0,\ F)$ 是一台 NFA，$w=w_1w_2\cdots w_m$ 是字母表 Σ 上的一个长度为 m 的字符串。如果存在 Q 中的状态序列（r_0，r_1，…，r_m）满足下述 3 个条件，则称 N 接受 w。

① $r_0=q_0$；

② $r_{i+1}\in\delta(r_i,\ w_{i+1})$，$i=0,\ 1,\ \cdots,\ m-1$；

③ $r_m\in F$。

定义 2.7　自验证的非确定性有穷状态自动机(SVNFA)是一个 6 元组(Q，Σ，δ，q_0，F^a，F^r)，其中：

① Q 是一个有穷状态集；

② Σ是一个有穷字母表；

③ δ：$Q\times\Sigma\rightarrow 2^{Q}$是转移函数；

④ $q_0\in Q$ 是起始状态；

⑤ $F^{a}\subseteq Q$ 是接受状态集；

⑥ $F^{r}\subseteq Q$ 是拒绝状态集，且 $F^{a}\cap F^{r}=\emptyset$；

⑦ $Q-(F^{a}\cup F^{r})$是中立状态集。

对于 SVNFA M 和任意的字符串 $w\in\Sigma^{*}$，要求至少存在 M 在 w 上的一个计算分支以接受状态或以拒绝状态结束，即$\delta(q_0, w)\cap(F^{a}\cup F^{r})\neq\emptyset$。同时，不存在任何字符串 w，使得$\delta(q_0, w)\cap F^{a}\neq\emptyset$ 和$\delta(q_0, w)\cap F^{r}\neq\emptyset$ 同时成立，即 M 不能既给出肯定的回答又给出否定的回答。但是，M 可以给出一个“模棱两可”的中立的回答“我不知道”。

SVNFA M 所识别的语言 $L^{a}(M)=\{w\mid$ 存在一条 M 在 w 上的计算路径结束于接受状态$\}$。而 SVNFA M 所拒绝的语言 $L^{r}(M)=\{w\mid$ 存在一条 M 在 w 上的计算路径结束于拒绝状态$\}$。很显然，从以上定义我们可以得到，对于任意的 SVNFA M，$L^{a}(M)=\overline{L^{r}(M)}$。从而，当我们称一个 SVNFA M 识别语言 L，这就意味着 $L=L^{a}(M)$且 $\overline{L}=L^{r}(M)$。

从一个识别语言 L 的 SVNFA M，我们可以得到两个 NFA，分别识别 L 和 $\overline{L}$。这两个 NFA 的接受状态集分别是 F^{a}和 F^{r}，它们模仿 M 的每一步动作，只是分别去掉 M 进入 F^{r}和 F^{a}中的状态的动作。所以，SVNFA 是 NFA 的一个特殊情况。

另外，从识别 L 的 NFA，我们可以构建一个识别 $\overline{L}$ 的 NFA，因为 NFA 在补运算下是封闭的。从这两个 NFA，我们可以构建一个识别语言 L 的 SVNFA，它通过一个 λ-转移(通过 λ-转移,非确定性的机器可以在不读任何输入符号的情况下，进入下一个状态)，把它的初始状态与两个 NFA 的初始状态连接起来。这个 SVNFA 的接受状态集包含识别 L 的 NFA 的所有接受状态，而其拒绝状态集包含识别 $\overline{L}$ 的 NFA 的所有接受状态。从以上两个方面的分析，我们得到 SVNFA 和 NFA 的计算能力是等价的。

2.3 图灵机形式化定义

图灵机是由图灵(Alan Turing)于 1936 年提出的，它用一个右端无限长的带子作为无限存储，它还有一个读写头，这个读写头能在带子上读、写和移动。开始时，带子上只有输入串，其他地方都是空的。如果需要保存信息，它可以将这个信息写在带子上。为了读已经写下的信息，它可以将读写头往回移动到这个信息所在的地方。机器不停地计算，直到产生输出为止。机器事先被设置了两种状态：接受和拒绝状态。如果进入这两种状态，就产生输出接受或拒绝。如果不进入任何接受或拒绝状态，就继续执行下去，永不停止。图灵机的结构如图 2-2 所示。

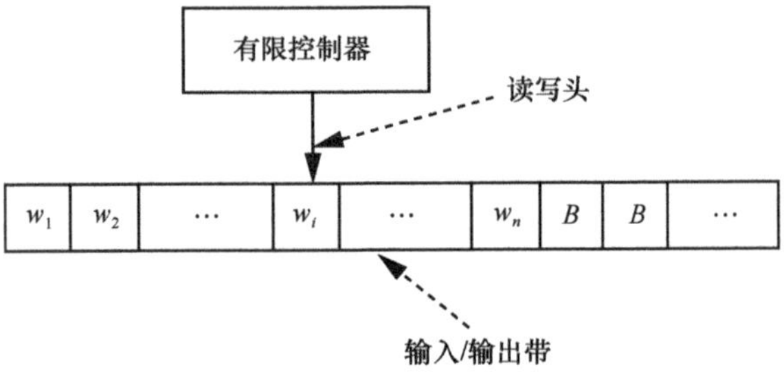

图 2-2　最初的图灵机模型

图灵机的一个形式化定义如下。

定义 2.8　一个图灵机是一个 7 元组$(Q, \Sigma, \Gamma, \delta, q_0, q_{accept}, q_{reject})$，其中，$Q$、$\Sigma$、$\Gamma$ 都是有穷集合，并且：

① Q 是状态集；

② Σ是输入字母表，不包括特殊空白符号$\cup$；

③ Γ 是带字母表，其中,$\cup \in \Gamma$，$\Sigma \subseteq \Gamma$；

④ δ：$Q \times \Gamma \to Q \times \Gamma \times \{L, R\}$是转移函数；

⑤ $q_0 \in Q$ 是起始状态；

⑥ $q_{accept} \in Q$ 是接受状态；

⑦ $q_{reject} \in Q$ 是拒绝状态，且 $q_{accept} \neq q_{reject}$。

图灵机 $M=(Q, \Sigma, \Gamma, \delta, q_0, q_{accept}, q_{reject})$的计算方式如下：开始时，$M$ 以最左边的 n 个带单元格接受输入 $w=w_1 w_2 \cdots w_n \in \Sigma^*$，带的其余部分是空白。读写头从最左边的带单元格开始运行。注意Σ不含空白字符，故出现在带上的第一个空白符表示输入的结束。M 开始运行后，计算根据转移函数所描述的规则进行。如果 M 试图将读写头从带的左端点再向左移出，即使转移函数指示的是 L，读写头也停在原地不动。计算一直持续到它进入接受或拒绝状态，此时停机。如果两者都不发生，则 M 永远运行下去。

图灵首次提出的图灵机只有一条带子。随后，又提出了具有多条带子的图灵机。已经证明这两种模型是等价的。为了描述方便，本书所使用的图灵机具有两条带子。一条被左边界符号$\not{c}$和右边界符号 \$ 界定的只用于接受输入的只读的输入带，一条右边无限的可读写的工作带。两带图灵机模型如图 2-3所示。

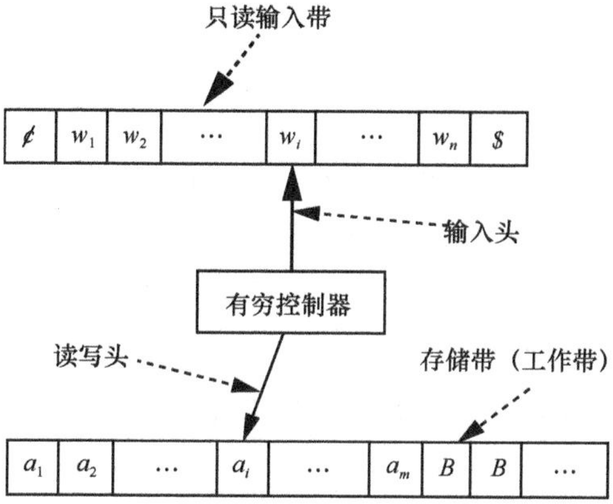

图 2-3　本书中所采用的两带图灵机模型

图灵机 M 在输入 x 上的一个格局记为 $c=(i,(q,\alpha,j))$，表示 M 在输入 x 上的计算过程中某一步的整体状况，其中，i 表示 M 的输入头指向第 i 个输入带单元格，q 表示 M 的有穷控制器当前所处的状态，α 表示当前工作带的内容，而 j 表示 M 的读写头指向工作带的第 j 个单元格。我们把图灵机 M 在输入 x 上的初始格局(Initial Configuration)记为 $I_M=(0,(q_0,\lambda,1))$，表示 M 的输入头放在左边界符号$\not{c}$上，q_0是 M 的初始状态，读写头在工作带最左边的单元格上，工作带的内容为空字符串(用 λ 表示)。如果与该格局相关的有穷控制器的状态是接受状态或拒绝状态，一个格局称为“接受的”或“拒绝的”。

如果图灵机能合法地从格局 c_1 一步进入格局 c_2，则称格局 c_1 产生格局 c_2。

图灵机 M 接受输入 w，如果存在格局的序列 c_1，c_2，…，c_k使得：

① c_1是 M 在输入 w 上的初始格局；

② 每个 c_i产生 c_i+1；

③ c_k是接受格局。

非确定性图灵机的非确定性的定义与非确定性有穷状态自动机类似，它的转移函数具有如下形式：

$$\delta: Q\times\Gamma\rightarrow 2^{Q\times\Gamma\times\{L,R\}}。\tag{2-6}$$

非确定性图灵机的计算是一棵树，不同分支对应着机器不同的可能性。其形式化定义与非确定性有穷自动机类似，这里不再赘述。

2.4 下推自动机及其模型

下推自动机(PDA)是比图灵机更为简单的自动机模型，它的存储设备是一个先进后出的堆栈。PDA 能够先把符号写到栈上，然后读它。写一个符号，把栈中其他的所有符号“下推”。在任何时刻，可以读和删除栈顶的符号，其余的符号向上移动。

可以用自助餐厅服务台上的盘子来解释栈。一叠盘子放在弹簧上，把一只新盘子放在这叠盘子的顶上时，它下面的盘子向下移动。下推自动机的栈像一叠盘子，每一只盘子上写着一个符号。下推自动机模型如图 2-4 所示。

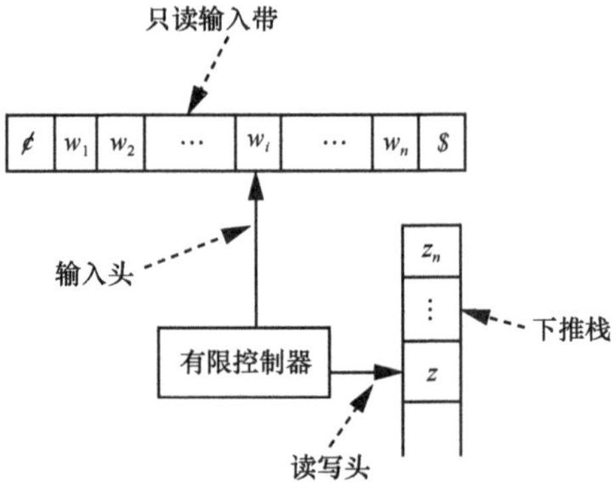

图 2-4　下推自动机模型

令$\Sigma_\lambda=\Sigma\cup\{\lambda\}$，$\Gamma_\lambda=\Gamma\cup\{\lambda\}$，下推自动机的形式化定义如下。

定义 2.9　下推自动机是一个 6 元组(Q，Σ，Γ，δ，q_0，F)，其中，Q、Σ、Γ、F 都是有穷集合，并且：

① Q 是状态集；

② Σ是输入字母表；

③ Γ 是栈字母表；

④ δ：$Q\times\Sigma_\lambda\times\Gamma_\lambda\to2^{Q\times\Gamma_\lambda}$是转移函数；

⑤ $q_0\in Q$ 是起始状态；

⑥ $F\subseteq Q$ 是接受状态集。

注意到转移函数的定义域为 $Q\times\Sigma_\lambda\times\Gamma_\lambda$，它表示机器能够在不读输入符号或不读栈中符号的情况下做动作。值域为 $Q\times\Gamma_\lambda$的幂集，所以，它是一个非确定性的下推自动机。

一台下推自动机 $M=(Q,\ \Sigma,\ \Gamma,\ \delta,\ q_0,\ F)$的计算如下：它接受输入 $w=w_1w_2\cdots w_m$，这里每一个 $w_i\in\Sigma_\lambda$，如果存在 Q 中的状态序列 r_0，r_1，…，r_m和字符串序列 s_0，s_1，…，$s_m\in\Gamma^*$满足下述 3 个条件，字符串序列 s_0，s_1，…，$s_m\in\Gamma^*$是 M 在计算的接受分支中的栈内容序列。

① $r_0=q_0$且 $s_0=\lambda$，该条表示 M 从起始状态和空栈开始；

② 对于 $i=0,\ 1,\ \cdots,\ m-1$，$(r_{i+1},\ b)\in\delta(r_i,\ w_{i+1},\ a)$，其中，$s_i=at$，$s_{i+1}=bt$，$a$，$b\in\Gamma_\lambda$，并且 $t\in\Gamma^*$，该条说明 M 在每一步都完全按照当时的状态、栈顶符号和下一个输入符号动作；

③ $r_m\in F$，该条说明在输入结束时出现一个接受状态。

2.5　分布式计算和并行计算

解决对象上都是大任务化为小任务，这是它们的共同之处。但是分布式的任务包互相之间有独立性，上一个任务包的结果未返回或是结果处理错误，对下一个任务包的处理几乎没有什么影响。因此，分布式的实时性要求不高，而且允许存在计算错误（因为每个计算任务给好几个参与者计算），上传结果到服务器后要比较结果，然后对结果差异大的进行验证。

分布式计算要处理的问题一般是基于“寻找”模式的。所谓的“寻找”，就相当于穷举法。为了尝试到每一个可能存在的结果，一般从 0～N（某一数值），被一个一个地测试，直到找到我们所要求的结果。事实上，为了易于一次性探测到正确的结果，我们假设结果是以某个特殊形式开始的。在这种类型的搜索里，我们也许幸运，一开始就能找到答案；也许不够走运，以至于最后才能找到答案，这都很公平。这么说，并行计算程序并行处理的任务包之间有很大的联系，而且并行计算的每一个任务块都是必要的，没有浪费和分割的，就是每个任务包都要处理，而且计算结果相互影响，就要求每个计算结果要绝对正确，而且在时间上要尽量做到同步。而分布式的很多任务块可以根本就不处理，有大量的无用数据块。所以说，分布式计算的速度尽管很快，但是真正的“效率”是低之再低的，可能一直在寻找，但是永远都找不到，也可能一开始就找到了；而并行计算处理则不同，它的任务包个数相对有限，在一个有限的时间里应该是可能完成的。分布式计算提出了一个让工作站端能够在后台持续工作的方法，而用户完全不需关心任何东西。这种实现基于两个原则，其一是任务连续分配和空闲优先权；其二是写一个屏幕保护程序。现在的调度程序已经不错了，而空闲优先任务将在人们完全不用关心任何东西的情况下自动执行。利用屏幕保护程序可以利用计算机闲置的时间计算工作任务。分布式计算的编写一般用 C++(也有用 JAVA 的，但都是娱乐性质的项目了，不是主流)，基本不用 MPI 接口，并行计算则用 MPI 或 OpenMP。如果把网格计算算作分布式计算(网格计算是分布式计算的一种特例，但是有区别，区别仅仅在编程方法和实际应用的范围上)，网格计算使用中间件，而且对联网的各台计算机的操作系统要求比较特殊。

在并行处理技术中使用的算法主要遵循 3 种策略：

① 分而治之法，也就是把多个任务分解到多个处理器或多个计算机中，然后按照一定的拓扑结构来进行求解。

② 重新排序法，分别采用静态或动态的指令词度方式。

③ 显式/隐式并行性结合，显式指的是并行语言通过编译形成并行程序，隐式指的是串行语言通过编译形成并行程序，显式/隐式并行性结合的关键就在于并行编译，而并行编译涉及语句、程序段、进程及各级程序的并行性。

利用计算机语言进行并行性描述的时候主要有 3 种方案：

① 语言扩展方案，也就是利用各种语言的库函数来进行并行性功能的扩展。

② 编译制导法，也称为智能编译，它是隐式并行策略的体现，主要是由并行编译系统进行程序表示、控制流的分析、相关分析、优化分析和并行化划分，由相关分析得到方法库管理方案，由优化分析得到知识库管理方案，由并行化划分得到程序重构，从而形成并行程序。

③ 新的语言结构法，这是显式并行策略的体现，也就是建立一种全新

的并行语言的体系，而这种并行语言通过编译就能直接形成并行程序。

2.6　自动机理论基础

1936 年，图灵提出了一种抽象的计算模型图灵机（Turing Machine）。图灵的基本思想是用机器来模拟人们用纸笔进行数学运算的过程，他把这样的过程看作下列两种简单的动作：在纸上写上或擦除某个符号，以及把注意力从纸的一个位置移动到另一个位置。而在每个阶段，人要决定下一步的动作，依赖于：① 此人当前所关注的纸上某个位置的符号；② 此人当前思维的状态。为了模拟人的这种运算过程，图灵构造出一台假想的机器，该机器由以下几个部分组成：① 一条无限长的纸带。纸带被划分为一个接一个的小格子，每个格子上包含一个来自有限字母表的符号，字母表中有一个特殊的符号表示空白。纸带上的格子从左到右依次被编号为 0，1，2，…，纸带的右端可以无限伸展。② 一个读写头。该读写头可以在纸带上左右移动，它能读出当前所指格子上的符号，并能改变当前格子上的符号。③ 一个状态寄存器。它用来保存图灵机当前所处的状态。图灵机的所有可能状态的数目是有限的，并且有一个特殊的状态，称为停机状态。④ 一套控制规则。它根据当前机器所处的状态及当前读写头所指格子上的符号来确定读写头下一步的动作，并改变状态寄存器的值，令机器进入一个新的状态。注意，这个机器的每一部分都是有限的，但它有一个潜在的无限长的纸带，因此，这种机器只是一个理想的设备。图灵认为，这样的一台机器就能模拟人类所能进行的任何计算过程自动机。

自动机是对信号序列进行逻辑处理的装置，在自动控制领域是指离散数字系统的动态数学模型，可定义为一种逻辑结构、一种算法或一种符号串变换。自动机这一术语也广泛出现在许多其他相关的学科中，分别有不同的内容和研究目标。在计算机科学中，自动机是用作计算机和计算过程的动态数学模型，用来研究计算机的体系结构、逻辑操作、程序设计乃至计算复杂性理论。在语言学中，则把自动机作为语言识别器，用来研究各种形式语言。在神经生理学中，把自动机定义为神经网络的动态模型，用来研究神经生理活动和思维规律，探索人脑的机制。在生物学中，有人把自动机作为生命体的生长发育模型，研究新陈代谢和遗传变异。在数学中，则用自动机定义可计算函数，研究各种算法。现代自动机的一个重要特点是能与外界交换信息，并根据交换得来的信息改变自己的动作，即改变自己的功能，甚至改变自己的结构，以适应外界的变化。也就是说，在一定程度上自动机具有类似于生命有机体那样的适应环境变化的能力。自动机与一般机器的重要区别在于，自动机具有固定的内在状态，即具有记忆能力和识别判断能力或决策能力，这正是现代信息处理系统的共同特点。因此，自动机适宜作为信息处理系统乃至一切信息系统的数学模型。自动机可按其变量集和函数的特性分类，也可按其抽象结构和联结方式分类，主要有有限自动机和无限自动机、线性自动机和非线性自动机、确定性自动机和不确定性自动机、同步自动机和异步自动机、级联自动机和细胞自动机等。

2.6.1 自动机定义

自动机通常指不需要人们逐步进行操作指导的设备。例如，现代计算机能自动地响应人工编制的各种编码指令，完成各种复杂的分析与计算；机器人则将自动控制系统和人工智能结合，实现类人的一系列活动。另外，自动机也可被看作为一种离散数字动态系统的数学模型。

2.6.2 自动机理论

20 世纪 50 年代以来，自动机理论有了很大的发展。有限自动机理论得到广泛、深入和系统的研究，成为自动机理论最成熟的领域，并在许多工程上得到应用。无限自动机理论主要是处理计算过程，对图灵机理论的研究一直在进行，对更自然的计算机数学模型的探索和在资源限制下自动机的功能研究也有了较大的进展。概率自动机主要是概率有限自动机的理论，在 1963 年后有了较大发展。20 世纪 30 年代后期以来，细胞自动机主要是在生物学和大规模集成电路技术的基础上成为自动机理论中一个活跃的领域。同时，在抽象自动机方面也开展了研究。

2.6.3 有限自动机理论

有限自动机理论包括开关网络理论，主要研究对象为继电器接点电路、数字电路、理想神经网络这类存储量有限的自动机。主要的研究问题是综合和分析问题。一种典型的问题提法是：研究由某种数学语言陈述的功能出发，设计出满足要求的有限自动机和实现其逻辑网络的系统方法。这涉及功能描述数学语言、状态化简、状态赋值、布尔函数化简、多值逻辑、组合复杂性和分解等问题的研究。另一个重要方向是 1959 年开始研究的可逆性问题，主要研究判别、求逆和结构问题。自动机作为转换器将输入序列变换为输出序列，没有输入的自动机可作为序列产生器，没有输出的自动机可作为序列识别器。有限自动机作为序列产生器是 20 世纪 50 年代中期开始深入研究的一个方向，代数方法得到了很好的应用。有限自动机作为序列识别器的研究方向，较早地建立了比较完善的理论。

2.6.4 无限自动机理论

无限自动机理论主要研究对象为算法和理想计算机这种存储量不受限制的自动机。研究的问题包括：探索计算机和计算过程的数学模型及各种模型之间的关系。20 世纪 60 年代初开始的一个重要研究问题是：在计算时间、存储空间和机器规模等资源受限制的情况下，自动机所计算的函数类和识别集类的刻画、包含关系和代数性质。另一个从 20 世纪 50 年代末开始活跃的研究领域是：将自动机识别集作为形式语言的一种刻画方法，对各种限制类型自动机的功能进行研究。

2.6.5 概率自动机理论

概率自动机理论主要研究对象是在环境或内部具有随机因素的（有限或无限）自动机。概率有限自动机（即随机时序机）是 1948 年仙农提出的，作为噪声信道的一种模型。20 世纪 60 年代后开始系统地发展，主要是推广确定自动机的结果，研究实现、化简、识别和稳定性等问题。在自恢复自动机方面，20 世纪 50 年代初诺依曼研究的由不可靠元件构造可靠系统的方向，到 70 年代发展为容错计算这一活跃的研究领域，另一个方向是对各种概率自动机所识别的语言的研究。

2.6.6 细胞自动机理论

细胞自动机理论主要研究对象是由许多互相连接的小自动机并行运算形成的大自动机。这项研究始于诺依曼对自繁殖自动机的研究。从他提出的细胞空间概念发展出许多研究方向。与计算机有关的一个方向是具有细胞类型的并行计算机模型的研究，这些研究已应用到一些并行计算机的体系设计中。20 世纪 70 年代活跃起来的另一个方向是面向大规模集成电路技术，研究具有一致结构的各种细胞自动机的分析、综合和容错等问题。在发育生物学方面，1968 年荷兰生物学家林顿梅伊尔推广了诺依曼的细胞空间概念，提出了一种动态细胞自动机的数学结构，通常称之为 L 系统，用以描述多细胞组织的发育过程。1974 年以来，L 系统的理论是一个十分活跃的研究领域。

2.6.7 抽象自动机理论

抽象自动机理论将自动机作为一种数学系统，研究它的一般数学性质。一个重要的研究方向为自动机的半群理论，为有限自动机的分解问题提供了工具；另一个方向是研究范畴上的自动机，目标是建立一个关于有限自动机、线性控制系统、树自动机、概率自动机和拓扑自动机等的统一理论。

2.7 自动机理论与其他学科的关系

2.7.1 与数学学科的关系

自动机理论是古老的数学学科的一个新兴分支。在它的形成和发展过程中，其他数学分支特别是数理逻辑起了很大的作用。自动机理论和数理逻辑的一些领域交叉重叠，如可计算性理论和无限自动机的功能理论都以算法为主要研究对象，但它们的侧重点不同。

2.7.2 与形式语言的关系

自动机理论与形式语言理论关系密切。一方面自动机作为形式语言的一种主要描述方法；另一方面形式文法也可作为自动机识别集的一种描述方法。自动机理论与计算复杂性理论的一些领域交叉重叠，如组合复杂性和计算复杂性。自动机理论是计算机科学的基础理论中较早形成的部分。

2.7.3 与控制论的关系

自动机理论又是控制论的一部分。自动机，包括有限自动机、图灵机和理想神经网络，是控制论系统的一种模型。自适应、自学习、自恢复和自繁殖自动机的研究，是典型的控制论问题。自动机理论与控制论的其他部分关系也很密切。例如，自动机理论与控制论中的许多结果是类似的，这种类似性成为抽象自动机研究的一个出发点。

自动机理论的形成受自动控制、计算机和数字通信技术的推动，它的成果又应用于这些技术学科中。自动机理论探索和提供各种数字电路综合分析的系统方法。细胞自动机对并行计算机设计思想产生了明显的影响。自动机作为一种基本工具用于高级程序语言的编译设计。线性自动机作为伪随机序列产生器用途广泛。可逆自动机用于通信编码。

2.7.4　与生物领域的关系

自动机理论的形成和发展的部分原因，是对生物系统进行一般性刻画，如在神经网络和自繁殖自动机方面的工作。基于多细胞组织的发育是执行一种“发育程序”的观念，自动机也用于研究生物发育。

2.8　交替式下推自动机与网格

2.8.1　网格计算兴起

网格计算(Grid Computing)是近年来国际上新兴的一种重要信息技术。从美国、欧洲、日本等发达国家(地区)到中国、印度这样的发展中国家，都启动了大型网格研究计划。网格计算被誉为继 Internet 和 Web 之后的“第三个信息技术浪潮”，它将提供下一代分布式应用和服务，并将对未来信息系统的发展产生深远的影响，进而成为未来信息化“战争”的制高点。

Internet 的产生与发展，对人们的思维方式、工作模式及生活理念都产生了巨大的影响与冲击。以 E-mail 为主要应用的第一代 Internet，把遍布世界各地的计算机用 TCP/IP 协议连接在一起；第二代 Internet 则通过 Web 信息浏览及电子商务应用等信息服务，实现了全球网页的连通；第三代 Internet 将“试图实现互联网上所有资源的全面连通，包括计算资源、存储资源、通信资源、软件资源、信息资源、知识资源”等，这就是网格计算。

网格计算虽然致力于高速互联网、高性能计算机、大型数据库、远程设备等连通和“一体化”，但网格计算的根本特征应该是资源共享而不是规模巨大，完全可以根据需要建造企业内部网格、局域网网格、家庭网格和个人网格，因此，网格计算的应用将非常广泛：卫星图像的快速分析、先进芯片的设计、生物信息科学研究、超级视频会议、制造业的设计与生产、电子商务、数字图书馆及一般的商务应用。此外，开发新的应用、集成现有应用、消除信息及资源孤岛也将成为网格计算责无旁贷的任务。

网格计算系统一般由网格硬件、网格操作系统、网格界面、网格应用4层基本结构构成，其最突出的特点是资源共享、协同工作和开放性标准。也正因为如此，网格计算目前研究发展的主要障碍便是标准协议的建立和体系结构的确定。

网格计算的最终目标是用网上的多台计算机构成一台虚拟的超级计算机，因此，网格系统的体系结构是我们必须首先解决的问题。简言之，网格系统有哪些组成部分、组成部分之间的关系及如何协同工作是网格体系结构研究需要解决的问题。

网格概念的提出将从根本上改变人们对“计算”的看法，因为网格提供的是与以往根本不同的计算方式。Randy Bramley 认为，网格提供的计算能力是以前所无法得到的，而且也是不能够通过其他方式得到的。网格概念的核心就是突破了以往强加在计算资源之上的种种限制，使人们可以以一种全新的方式更自由、更方便地使用计算资源，以解决更复杂的问题。

2.8.2 网格定义

“网格”一词来源于人们熟悉的电力网。原本是希望计算力和计算资源能够像电力一样，“打开电源开关就可以使用”，不用去关心是谁、如何提供的这些服务。网格就是把整个 Internet 集成为一台巨大的超级计算机，实现全球范围计算资源、存储资源、数据资源、信息资源、知识资源、专家资源、设备资源的全面共享。当然，网格并不一定非要这么大，我们也可以构造地区性的网格、企事业内部网格、局域网网格，甚至家庭网格和个人网格。网格的根本特征是资源共享，消除资源孤岛，它的规模并不是主要因素。

网格计算伴随着互联网而迅速发展起来，是专门针对复杂科学计算的新型计算模式。这种计算模式是利用互联网把分散在不同地理位置的电脑组织成一个“虚拟的超级计算机”，其中每一台参与计算的计算机就是一个“节点”，而整个计算是织起来的“虚拟的超级计算机”，其具有两个优势：一个是数据处理能力超强；另一个是能充分利用网上的闲置处理能力。从本质上看，网格用户看到的是一个单一的大规模虚拟计算机。

2.8.3　网格信息处理原理

用户想要完成某个任务，于是提交请求，然后通过 Internet 找到属于该网格的一些节点(PC、SMP 或 CLUSTER)。例如，用户提交了一个搜索包含“海洋 & 鱼类”的文件夹的请求，那么首先找到 3 个空闲且可用的节点，在这 3 个节点上查看是否满足条件，只要找到一个满足条件的节点，就不再查找其他的节点，这几个节点的工作模式是分布式的。然后查找刚才找到的那个节点的下一层节点，如果它正好有两个节点，一个节点上的信息满足“海洋”这个搜索条件，与此同时，另一个满足“鱼类”这个搜索条件，当且仅当这两个节点同时成功被搜索到时，才认为搜索是成功的，这两个节点的工作模式是并行的。

由此我们总结出，网格计算是分布式计算和并行计算交替执行的。在计算机科学领域，自动机理论和形式语言理论对于理解计算和信息处理的概念与机制具有非常重要的作用，当然，网格也不例外。因为它们为计算机科学理论的研究提供了一个基本的思想和数学模型。所以，这些理论的研究形成了计算机科学领域一个非常重要而有研究意义的学术分支。那么，有没有一种抽象的模型可以用来研究网格计算呢?

本书首次提出了利用研究交替式下推自动机这个理论模型的空间复杂度，来优化网格的体系结构，使其计算能力得到增强。在本书中，第一次把网格计算和交替式研究联系在一起，这是一个大胆的尝试，希望得到同行的认可。

2.8.4　交替式下推自动机与网格计算

很长时间以来，如此诱人的网格计算技术在人们眼中只不过是高不可攀的未来技术，网格计算概念远未融入现实生活。近年来，随着人们对这项技术认识和探索的不断加深，社会生产、生活对这项技术的需求越来越迫切，工程技术人员对这项技术的开发热情越来越高涨，我们感受到了网格计算技术“平易近人”的另一面，我们之间的距离越来越近，甚至在诸多领域已经将其融入其中。当前，无论是企业还是政府都在积极地推动网格计算的发展。自 2003 年以来，这一技术引起 IBM 等 IT 界知名企业的高度重视，并各自悄无声息且迅速地导入到实用阶段。为了大幅提高我国的综合国力和国际竞争能力，我国政府对于网格建设也十分关注，在 863 计划专项中提出了建设“中国国家高性能计算环境”（中国国家网格）。

网格计算被视为 21 世纪的新型网络基础架构及未来 10 年 IT 商业应用的主流。目前，科研、气象、铁道、电信等行业已有诸多成功应用案例。网格计算不再仅仅是被各大学和研究实验室用于高性能计算的项目，诸如卫星图像的快速分析、先进芯片的设计、生物信息科学研究等，而且还逐步被企业和政府用于 IT 优化、分析和加速、信息访问、工程设计和设计协作等工作领域，常见的如超级视频会议、制造业的设计与生产、电子商务、数字图书馆、复杂金融环境的模拟及一般商务应用等。

网格计算的发展势必成为互联网的又一次革命，对计算机网络技术的应用及其他产业的发展产生巨大而深远的影响。通过对交替式下推自动机空间复杂度的研究来优化网格计算的系统架构。同时，这种并行计算模型的性质研究对于并行计算的计算复杂性研究具有重要意义。

自从 1936 年图灵发明了著名的图灵机之后，其就被广泛地应用于各个领域。然而，也存在图灵机不能解决的问题，因为图灵机是确定性有穷自动机，它是用来处理串行计算的；而网格计算显然不是串行计算，它是并行计算，是非确定性的，所以，用图灵机作为研究网格的模型显然是不适合的。于是，就需要引入“交替式”图灵机的概念。由于交替式下推自动机是一个比交替式图灵机更简单的并行计算模型，所以，我们最终采用交替式下推自动机来研究网格计算。

2.9 自动机理论与先进计算

2.9.1 并行计算

并行计算（Parallel Computing）或称平行计算是相对于串行计算来说的。并行计算是指同时使用多种计算资源解决计算问题的过程。为执行并行计算，计算资源应包括一台配有多处理机（并行处理）的计算机、一个与网络相连的计算机专有编号，或者两者结合使用。并行计算的主要目的是快速解决大型且复杂的计算问题。

并行计算可以划分成时间并行和空间并行。时间并行即流水线技术，空间并行使用多个处理器执行并行计算，当前主要研究的是空间的并行问题。从程序和算法设计人员的角度看，并行计算又可分为数据并行和任务并行。数据并行把大的任务化解成若干相同的子任务，处理起来比任务并行简单。

空间上的并行导致两类并行机的产生，按照 Michael Flynn(费林分类法)的说法分为单指令流多数据流(SIMD)和多指令流多数据流(MIMD)，而常用的串行机也称为单指令流单数据流(SISD)。常见的 MIMD 类机器又可分为 5 类：并行向量处理机(PVP)、对称多处理机(SMP)、大规模并行处理机(MPP)、工作站机群(COW)、分布式共享存储处理机(DSM)。

2.9.2 分布式计算

分布式计算(Distributed Computing)主要研究分散系统(Distributed System)如何进行计算。分散系统是一组计算机，通过计算机网络相互链接与通信后形成系统。分布式计算就是把需要进行大量计算的工程数据分区成小块，由多台计算机分别计算，在上传运算结果后，将结果统一合并得出数据结论。目前，常见的分布式计算项目通常使用世界各地上千万志愿者计算机的闲置计算能力，通过互联网进行数据传输。例如，分析计算蛋白质的内部结构和相关药物的 Folding@ home 项目，该项目结构庞大，需要惊人的计算量，由一台计算机计算是不可能完成的，即使现在有计算能力超强的超级计算机，但是一些科研机构的经费却又十分有限。

比起其他算法，分布式计算具有以下几个优点：稀有资源可以共享；通过分布式计算可以在多台计算机上平衡计算负载；可以把程序放在最适合运行的计算机上。其中，共享稀有资源和平衡计算负载是计算机分布式计算的核心思想之一。并行计算与分布式计算都是运用并行来获得更高性能，化大任务为小任务。简单说来，如果处理单元共享内存，就称为并行计算，反之就是分布式计算。也有人认为，分布式计算是并行计算的一种特例。

2.9.3 集群计算

计算机集群将一组松散集成的计算机软件或硬件连接起来，高度紧密地协作完成计算工作。在某种意义上，它们可以被看作是一台计算机。集群系统中的单个计算机通常称为节点，通常通过局域网连接，但也有其他的可能连接方式。集群计算机通常用来改进单个计算机的计算速度和/或可靠性。一般情况下，集群计算机比单个计算机，如工作站或超级计算机性价比要高得多。

根据组成集群系统的计算机之间体系结构是否相同，集群可分为同构与异构两种。集群计算机按功能和结构可以分为高可用性集群（High-Availability Clusters，HAC）、负载均衡集群（Loadbalancing Clusters）、高性能计算集群（High-Performance Clusters，HPC）、网格计算（Grid Computing）。高可用性集群，一般是指当集群中有某个节点失效的情况下，其上的任务会自动转移到其他正常的节点上，还指可以将集群中的某节点进行离线维护再上线，该过程并不影响整个集群的运行。负载均衡集群，负载均衡集群运行时，一般通过一个或多个前端负载均衡器，将工作负载分发到后端的一组服务器上，从而达到整个系统的高性能和高可用性。这样的计算机集群有时也被称为服务器群。一般高可用性集群和负载均衡集群会使用类似的技术，或者同时具有高可用性与负载均衡的特点。Linux 虚拟服务器（LVS）项目在 Linux 操作系统上提供了最常用的负载均衡软件。高性能计算集群，高性能计算集群采用将计算任务分配到集群的不同计算节点提高计算能力，因而主要应用在科学计算领域。比较流行的 HPC 采用 Linux 操作系统和其他一些免费软件来完成并行计算。这一集群配置通常被称为 Beowulf 集群。这类集群通常运行特定的程序，以发挥 HPC 集群的并行计算能力。这类程序一般应用特定的运行库，如专为科学计算设计的 MPI 库。HPC 集群特别适合于在计算中各计算节点之间发生大量数据通信的计算作业，如一个节点的中间结果或影响到其他节点计算结果的情况。

2.9.4 网格计算

网格计算是分布式计算的一种，也是一种与集群计算非常相关的技术。如果我们说某项工作是分布式的，那么，参与这项工作的一定不只是一台计算机，而是一个计算机网络。显然，这种“蚂蚁搬山”的方式将具有很强的数据处理能力。网格计算的实质就是组合与共享资源并确保系统安全。网格计算通过利用大量异构计算机的未用资源（CPU 周期和磁盘存储），将其作为嵌入在分布式电信基础设施中的一个虚拟的计算机集群，为解决大规模的计算问题提供一个模型。网格计算的焦点放在支持跨管理域计算的能力，这使它与传统的计算机集群或传统的分布式计算相区别。网格计算的目标是解决对于任何单一的超级计算机来说仍然大得难以解决的问题，并同时保持解决多个较小问题的灵活性。这样，网格计算就提供了一个多用户环境。集群计算与网格计算的区别：① 简单地说，网格与传统集群的主要差别是网格是连接一组相关并不信任的计算机，它的运作更像一个计算公共设施而不是一个独立的计算机。网格通常比集群支持更多不同类型的计算机集合。② 网格本质上就是动态的，集群包含的处理器和资源数量通常都是静态的。在网格上，资源则可以动态出现，资源可以根据需要添加到网格中或从网格中删除。③ 网格天生就是在本地网、城域网或广域网上进行分布的。网格可以分布在任何地方；而集群物理上都包含在一个位置的相同地方，通常只是局域网互联。集群互联技术可以产生非常低的网络延时，如果集群距离很远，这可能会导致产生很多问题。物理临近和网络延时限制了集群地域分布的能力，而网格由于动态特性，可以提供很好的高可扩展性。④ 集群仅仅通过增加服务器满足增长的需求。然而，集群的服务器数量及由此导致的集群性能是有限的：互联网络容量。也就是说，如果想一味地通过扩大规模来提高集群计算机的性能，它的性价比会相应下降，这意味着我们不可能无限制地扩大集群的规模。而网格虚拟出空前的超级计算机，不受规模的限制，成为下一代 Internet 的发展方向。⑤ 集群和网格计算是相互补充的。很多网格都在自己管理的资源中采用了集群。实际上，网格用户可能并不清楚其工作负载是在一个远程的集群上执行的。尽管网格与集群之间存在很多区别，然而这些区别使它们构成了一个非常重要的关系，因为集群在网格中总有一席之地——特定的问题通常都需要一些紧耦合的处理器来解决。然而，随着网络功能和带宽的发展，以前采用集群计算很难解决的问题现在可以使用网格计算技术解决了。理解网格固有的可扩展性和集群提供的紧耦合互连机制所带来的性能优势之间的平衡是非常重要的。

2.9.5　云计算

美国国家标准与技术研究院(NIST)定义：云计算是一种按使用量付费的模式，这种模式提供可用、便捷、按需的网络访问，进入可配置的计算资源共享池(资源包括网络、服务器、存储、应用软件、服务)，这些资源能够被快速提供，只需投入很少的管理工作或与服务供应商进行很少的交互。云计算过去用来表示电信网，后来也用来表示互联网和底层基础设施的抽象，其是分布式计算(Distributed Computing)、并行计算(Parallel Computing)、效用计算(Utility Computing)、网络存储(Network Storage Technologies)、虚拟化(Virtualization)、负载均衡(Load Balance)、热备份冗余(High Available)等传统计算机和网络技术发展融合的产物。云计算是最新开始的新概念，它不只是计算等计算机概念，还是运营服务等概念。它是分布式计算、并行计算和网格计算的发展，或者说是这些概念的商业实现。云计算不但包括分布式计算还包括分布式存储和分布式缓存。分布式存储又包括分布式文件存储和分布式数据存储。云计算是从集群技术发展而来，区别在于集群虽然把多台机器连了起来，但其某项具体任务执行的时候还是会被转发到某台服务器上，而云计算可以简单地认为是任务可以被分割成多个进程在多台服务器上并行计算，然后得到结果，好处在于大数据量的操作性能非常好。云计算可以使用廉价的计算机服务器，可以管理大数据量与大集群，关键技术在于能够对云内的基础设施进行动态按需分配与管理。云计算与并行计算、分布式计算的区别，以计算机用户来说，并行计算是由单个用户完成的，分布式计算是由多个用户合作完成的，云计算是没有用户参与，而是交给网络另一端的服务器完成的。

大数据或称海量数据，指的是所涉及的资料量规模巨大到无法透过目前主流软件工具，在合理时间内达到撷取、管理、处理，并整理成为帮助企业经营决策更积极目的的资讯。大数据的4V特点：Volume、Velocity、Variety、Veracity。从技术上看，大数据与云计算的关系就像一枚硬币的正反面一样密不可分。大数据必然无法用单台的计算机进行处理，必须采用分布式计算架构。它的特色在于对海量数据的挖掘，但它必须依托云计算的分布式处理、分布式数据库、云存储和虚拟化技术。

简单来说，云计算是硬件资源的虚拟化，而大数据是海量数据的高效处理。虽然这个解释也不完全贴切，但是却可以帮助对这两个名字不太明白的人很快理解其区别。当然，如果更形象一点的话，云计算相当于我们的计算机和操作系统，将大量的硬件资源虚拟化后再进行分配使用。

大数据相当于海量数据的“数据库”，通观大数据领域的发展，我们也可以看出，当前的大数据一直向着近似于传统数据库体验的方向发展，即传统数据库给大数据的发展提供了足够大的空间。大数据的总体架构包括3 层：数据存储层、数据处理层和数据分析层。数据先要通过存储层存储下来，然后根据需求和目标来建立相应的数据模型和数据分析指标体系对数据进行分析并产生价值。而数据的时效性又通过数据处理层提供的强大并行计算和分布式计算能力来完成。三者相互配合，这让大数据产生最终价值。云计算未来的发展趋势是作为计算资源的底层，支撑着上层的大数据处理；而大数据的发展趋势是实时交互式的查询效率和分析能力，借用 Google 技术论文中的一句话："动一下鼠标，就可以秒级操作 PB 级别的数据。"

2.10　本章小结

本章简要回顾了抽象代数、形式语言和自动机理论，给出了包括有穷状态自动机、自验证的有穷状态自动机、图灵机和下推自动机的形式化定义，并在此基础上分别给出了这些计算模型在某个输入上计算的形式化定义；验证了有穷状态自动机和自验证的有穷状态自动机是等价的；简单介绍了几种先进计算模式。在后面的章节中，我们将引入自验证的下推自动机，并研究它和非确定性下推自动机在计算能力上的关系。

第 3 章

交替式下推自动机

本章给出了交替式下推自动机(Alternating Pushdown Automaton, APDA)的定义，以及贯穿全文的重要记号和前提性结果。

3.1 2 方向交替式下推自动机的定义与性质

2 方向交替式下推自动机(Two-Way Alternating Pushdown Automaton, 2APDA)是对 2 方向非确定性下推自动机(2NPDA)的一个广义性扩展，它的状态集被分为全称状态和存在状态。下推自动机进入存在状态，可以在多种可能性中选择一个可行的；而进入全称状态时，就会协同地对多种可能性进行并行计算，当且仅当所有可能性都可行时，整个计算才是可行的。一个 2 方向交替式下推自动机 M 的输入被界定在左边界符号¢和右边界符号 \$ 之间。M 的一个快相(Instantaneous Description, ID)具有形式(w, i, q, α)，其中，第 1 项 w 和第 2 项 i 分别表示输入串和输入头的位置，第 3 项 q 和第 4 项α 分别表示有穷控制器的状态和栈内容。M 在输入 x 上的起始快相为 $I_M(x)=(x, 0, q_0, Z_0)$，这里 q_0是起始状态，并且 Z_0是栈底符号。如果这个快相的状态是全称的(或存在的、或接受的)，则这个快相的状态是全称的(或存在的、或接受的)，我们可以把 M 的计算看作一棵树，它的节点用快相标定。M 在输入 w 上的一棵计算树的根被起始快相标定，并且任何被全称(或存在)快相标定的非叶节点的子节点包括这个快相的全部(或一个)直接后继。一棵计算树是接受的，如果它是有限的，并且所有叶节点都被接受快相所标定，则这棵计算树是接受的。M 接受 w，表示存在一棵 M 在 w 上的接受计算树。M 在某个输入上的一棵计算树是 l 空间限定的。令 $L(n)$：$n \to N$ 是一个函数，这里 N 表示所有自然数的集合。如果对于每一个长度为 n 且被 M 接受的输入 w，这里 $n \geq 1$，都存在一个 M 在输入 w 上的 $L(n)$ 空间限定接受计算树，M 称为弱 $L(n)$ 空间限定的；如果对于每一个长度为 n 的输入 w（不管是否被 M 接受），这里 $n \geq 1$，M 在输入 w 上的任何计算树都是 $L(n)$ 空间限定的，M 称为强 $L(n)$ 空间限定的。

1 方向交替式下推自动机（One-Way Alternating Pushdown Automaton，1APDA）是一个输入头不能向左移动的交替式下推自动机。我们将只有全称状态的 2APDA（1APDA）简记为 2UPDA（1UPDA）。1 方向非确定性下推自动机（1NPDA）是一个只有存在状态的 1APDA。我们将 2 方向（1 方向）确定性下推自动机简记为 2DPDA（1DPDA），它们分别是每个快相只有一个后继的 2APDA（1APDA）。

我们把 APDA M 所识别的字符串集合记为 $T(M)$。对每个 $x \in \{1, 2\}$ 和每个 $Y \in \{A, N, U, D\}$，我们用 *strong*-xYPDA（$L(n)$）［或 *weak*-xYPDA（$L(n)$）］代表强（或弱）$L(n)$ 空间限定的 xYPDA 所识别的语言族，其形式化定义为

$$\textit{strong-}x\text{YPDA}(L(n)) = \{L \mid \text{对于某个强 } L(n) \text{ 空间限定的 } x\text{YPDA } M,\ L = T(M)\}, \tag{3-1}$$

$$\textit{weak-}x\text{YPDA}(L(n)) = \{L \mid \text{对于某个弱 } L(n) \text{ 空间限定的 } x\text{YPDA } M,\ L = T(M)\}。 \tag{3-2}$$

我们以下考虑的 2 方向交替图灵机（2ATM）具有一条被左边界符号和右边界符号界定的只读输入带和一条右边无限的可读写的工作带。“弱 $L(n)$ 空间限定”和“强 $L(n)$ 空间限定”的定义类似于交替式下推自动机的相关定义。有关 2ATM 的形式化定义，请参照文献[27，34]。交替式图灵机的一个快相具有形式（w，i，（q，α，j）），其中，第 1 项 w 和第 2 项 i 分别表示输入串和输入头的位置，第 3 项（q，α，j）被称为存储状态，它是有穷控制器状态 q、工作带上的非空内容 α 和工作带读写头位置 j 的一个组合。

对于任意的函数 $L(n)$，我们将强（或弱）$L(n)$ 空间限定 2ATM 所能识别的语言族记为 *strong*-2ATM（$L(n)$）［或 *weak*-2ATM（$L(n)$）］。

我们将仅有全称状态的 2ATM 记为 2UTM。一个 2 方向非确定性图灵机记为 2NTM，是一个仅有存在状态的 2ATM。一个 2 方向确定型图灵机记为 2DTM，是一个其所有的快相都仅有一个直接后继的 2ATM。

我们把 ATM M 所识别的字符串集合记为 $T(M)$。对每个 $\mathrm{Y} \in \{\mathrm{A}, \mathrm{N}, \mathrm{U}, \mathrm{D}\}$，我们用 *strong*-2YTM$(L(n))$ [或 *weak*-2YTM$(L(n))$] 代表强(或弱) $L(n)$空间限定的 2YTM 所识别的语言族，其形式化定义为

$$\textit{strong}\text{-2YTM}(L(n)) = \{L \mid \text{对于某个强 } L(n) \text{ 空间限定的 2YTM } M, M \text{ 称为强 } L(n) \text{ 空间限定的}, L=T(M)\}, \quad (3\text{-}3)$$

$$\textit{weak}\text{-2YTM}(L(n)) = \{L \mid \text{对于某个弱 } L(n) \text{ 空间限定的 2YTM } M, L=T(M)\}。 \quad (3\text{-}4)$$

下面给出几个贯穿全文的重要记号。

记号 3.1 对于任意的字符串 w，$|w|$ 表示 w 的长度，并且 w^{R} 表示 w 的反转(或说 w 的镜像)。对于任意的字母表 Σ 和任意的整数 $n \geqslant 1$，Σ^n 表示字母表 Σ 上的所有长度为 n 的字符串集合；同样的，对于任意的字符 α 和任意的整数 $n \geqslant 1$，a^n 表示由 n 个 a 组成的字符串。对于每个字符串 $w \in \{0, 1\}^+$，令 $num(w)$ 表示 w 作为二进制数(最左位为最高有效位)时，所对应的整数。

记号 3.2 对于任意的整数 $n \geqslant 1$ 和 $i(1 \leqslant i \leqslant 2^n)$，令 $B(n, i)$ 表示整数 $i-1$ 的 n 位二进制表示(最左位为最高有效位)。这样，有 $B(3, 1)=000$，$B(3, 2)=001$，$B(3, 3)=010$，…，$B(3, 2^3)=B(3, 8)=111$。

记号 3.3 对于任意的整数 $n \geqslant 1$ 和 $i(1 \leqslant i \leqslant 2^{2^n})$，令

$$W(n, i) \triangleq x_{i1} B(n, 1) x_{i2} B(n, 2) \cdots x_{i2^n} B(n, 2^n)。 \quad (3\text{-}5)$$

式中：每个 x_{ij} 属于集合 $\{a, b\}$ 且 $h(W(n, i))=B(2^n, i)$。在此，$h: \{0, 1, a, b\}^* \to \{0, 1\}^*$ 是一个同态函数，使得 $h(0)=h(1)=\lambda$，$h(a)=0$ 且 $h(b)=1$。也就是说，如果把 $W(n, i)$ 中的字符位 $x_{ij} \in \{a, b\}$ 单独拿出来，并把 a 看作 0，把 b 看作 1，则得到长度为 2^n 的表示整数 $i-1$ 的二进制数。这样的二进制数共有 2^{2^n} 个。这里，$n \geqslant 1$，$1 \leqslant i$，$j \leqslant 2^n$，$1 \leqslant i \leqslant 2^n$。

说明 3.1 我们可以看到，在 $W(n, i)$ 中，$B(n, j)$ 用来指定字符位 $x_{ij} \in \{a, b\}$ 在 $W(n, i)$ 中的位置。这里，$n \geqslant 1$，$1 \leqslant i$，$j \leqslant 2^n$。

记号 3.4 对于任意的 $n \geqslant 1$，令

$$Ruler(n) \triangleq W(n,\ 1)\#W(n,\ 2)\#\cdots\#W(n,\ 2^{2^n}),\tag{3-6}$$

并且

$$D(n)=\{x_1B(n,\ 1)x_2B(n,\ 2)\cdots x_{2^n}B(n,\ 2^n)\mid \forall i(1\leqslant i\leqslant 2^n)[x_i\in\{a,\ b\}]\}。\tag{3-7}$$

说明 3.2　在每个字符串 $D(n)$ 中，$B(n,\ j)$ 也是用来指定字符位 $x_j\in\{a,\ b\}$ 在 $D(n)$ 中的位置。这里，$1\leqslant j\leqslant 2^n$。在 $Ruler(n)$ 中，$\{h(W(n,\ 1)),\ h(W(n,\ 2)),\ \cdots,\ h(W(n,\ 2^{2^n}))\}$ 构成了从 $B(2^n,\ 0)$ 到 $B(2^n,\ 2^{2^n}-1)$ 的 2^{2^n} 个依次增加 1 的二进制数。

说明 3.3　墨水点图灵机和墨水点下推自动机的一个最大区别是墨水点图灵机可以利用它的存储带数算出二进制数字。例如，$B(n,\ j)$，这些二进制数在我们给出的字符串模式中起到了标志某个字符位地址的作用。但是，墨水点下推自动机做不到这一点，这使得我们不得不采用记号 3.2 至记号 3.4 中的 $B(n,\ i)$，$W(n,\ i)$，$Ruler(n)$ 和 $D(n)$。

在本书中，令 h 为上述的同态函数，并且假定对数的底数均为 2。

3.2　强 loglog n 空间限定的 2DPDA 识别性证明

令 $L_0=\{Ruler(n)\mid n\geqslant 1\}$，文献[11]称 L_0 能够被强 loglog n 空间限定的 2DPDA 识别，但是没有给出相关证明，本书给出其证明如下。

引理 3.1　$L_0\in$ strong-2DPDA(loglog n)。

证明：L_0 将被下面的强 loglog n 空间限定的 2DPDA M 所识别。不失一般性，我们假设 M 的一个输入具有以下形式：

$$x=w_1\#w_2\#\cdots\#w_d。\tag{3-8}$$

式中：$d\geqslant 4$，并且对于每个 $s(1\leqslant s\leqslant d)$，$w_s=x_{s1}x_{s2}v_{s2}\cdots x_{sl_s}v_{sl_s}$。这里 $l_s\geqslant 2$，每个 $x_{sj}\in\{a,\ b\}$，并且每个 $v_{sj}\in\{0,\ 1\}^+$。所有不具备以上形式的输入串都能够很容易地被 M 拒绝。M 根据以下算法执行：

① $i=0$。

② $i=i+1$。

③ M 使用 $i-1$ 个堆栈单元，执行以下步骤。

a. 检查对于每个 $1\leqslant s\leqslant d$，是否有

$$w_s = x_{s1}v_{s1}x_{s2}v_{s2}\cdots x_{sl_s-2^i}v_{sl_s-2^i}y_{s1}t_{s1}B(i,\ 1)y_{s2}t_{s2}B(i,\ 2)\cdots$$
$$y_{s2^i}t_{s2^i}B(i,\ 2^i)。\qquad (3-9)$$

式中：$\forall s(1\leqslant s\leqslant d)\ \forall j(1\leqslant j\leqslant 2^i)[y_{sj}\triangleq x_{sl_s-2^i+j}\in\{a,\ b\}\ \&\ t_{sj}\in\{0,\ 1\}^*]$。如果 M 得到“是”的结论，则 M 转而执行步骤 b；否则，M 进入一个拒绝状态并且停机。

b. 检查是否有 $\forall s(1\leqslant s\leqslant 2^{2^i})[h\ (y_{s\ 1}y_{s\ 2}\cdots y_{s\ 2^i})=B(2^i,\ s)]$。如果 M 得到“是”的结论，则 M 转而执行步骤 c；否则，M 进入一个拒绝状态并且停机。

c. 检查下面两个条件中有几个成立。

(ⅰ) $x_{s\ 1}v_{s\ 1}x_{s\ 2}v_{s\ 2}\cdots x_{sl_s-2^i}v_{sl_s-2^i}$，并且对于每个 $1\leqslant s\leqslant 2^{2^i}$，$t_{sj}$ 均为空字符串，并且 $w_{2^{2^i}}$ 之后的字符为右边界符号 \$；

(ⅱ) 对于每个 $1\leqslant s\leqslant 2^{2^i}$，$x_{s\ 1}v_{s\ 1}x_{s\ 2}v_{s\ 2}\cdots x_{sl_s-2^i}v_{sl_s-2^i}$ 和 t_{sj} 均不是空字符串，并且 $w_{2^{2^i}}$ 之后的字符不是右边界符号 \$ 。

如果 M 发现上述两个条件均不能被满足，则 M 进入一个拒绝状态并且停机；如果条件(ⅰ)为真(即 $2^{2^i}=d$)，则 M 进入一个接受状态并且停机；如果条件(ⅱ)为真(即 $2^{2^i}<d$)，则 M 转回步骤②。

对于 $i=1$，很显然，M 无须使用任何栈空间，即可检查上述步骤 a、b 和 c 是否为真。

对每个 $2\leqslant i\leqslant[\mathrm{loglog}\ d]$，通过使用 $i-1$ 个栈单元，M 可以按如下步骤检查步骤 a、b 和 c 是否为真。

检查 a：为了检查公式（3－9）是否成立，M 首先检查是否有 $v_{sl_s}[i]=\underbrace{11\cdots1}_{i}$。这里，对每个 $1\leqslant j\leqslant l_s$，令 $v_{sj}[i]$ 表示 v_{sj} 最后的 i 个符号。这个检查可以通过让 M 保存 $i-1$ 个符号在下推栈中，并将输入头指向 v_{sl_s} 之后的符号#(当 $s=d$ 时，指向 \$)。在下推栈变为空之前，M 的输入头每向左移动一个格，就从下推栈中弹出一个字符。当下推栈变为空时，M 的输入头再向左移动一个单元格。如果在这个过程中，M 的输入头读到的符号均为 1，那么 M 就能够断定 $v_{sl_s}[i]=\underbrace{11\cdots1}_{i}$。如果 M 成功地得到这个结果，则对于 $j=l_s,l_{s-1}$，…，2，M 转而执行以下步骤。

M 检查是否有 $num(v_{sj}[i])=num(v_{sj-1}[i])+1$。为此，$M$ 将 $v_{sj}[i]$ 的第一个字符存放在有穷控制器中，将其剩余的 $i-1$ 个字符存放在下推栈中，使得

$v_{sj}[i]$的最后一个字符在栈顶(通过与上一步中相反的方向移动输入头和下推头，可以很容易地做到这一点)，随后将输入头向左移动到 v_{sj-1}之后。然后，在下推栈为空之前，M 的输入头每向左移动一个单元格，M 弹出下推栈中的一个字符。同时，在向左移动输入头的过程中，M 记住输入头浏览过的 $v_{sj-1}[i]$中的符号是否均为 1。M 随后检查输入头正在读的符号 s_1 和刚从下推栈中弹出的符号 s_2是否具有如期的关系(即如果 s_2是 $v_{sj}[i]$的最后一个字符或输入头浏览过的 $v_{sj-1}[i]$中的符号是否均为 1，则 s_1和 s_2应该是不同的符号，否则，s_1和 s_2应该是相同的符号)。如果直到下推栈变为空，M 都能够成功检查上述为真，则 M 的输入头向左移动一个单元格，并且检查输入头之下的输入字符和存放在有穷控制器中的 $v_{sj}[i]$的第一个字符是否也具有上述的关系。如果 M 又得到“是”的结论，就可以确定 $num(v_{sj}[i])=num(v_{sj-1}[i])+1$，并且将$v_{sj-1}[i]$的第一个字符存放于有穷控制器中，通过与上一步相反的方向移动输入头，将 $v_{sj-1}[i]$的最后 $i-1$ 个字符存放于下推栈中，从而为检查对于下一个$j=j-1$，是否有 $num(v_{sj}[i])=num(v_{sj-1}[i])+1$ 做好准备。

检查 b：检查完 a 后，M 先检查是否有 $\forall j(1\leqslant j\leqslant 2^i)[y_{1j}=a]$，随后从 $s=1$开始，M 重复以下步骤：

M 检查是否有 $\mathrm{num}(h(y_{s\ 1}y_{s\ 2}\cdots y_{s\ 2^i}))+1=\mathrm{num}(h(y_{s\ +1,1}y_{s\ +1,2}\cdots y_{s+1,2^i}))$，如果为真，$M$ 在执行 $s=s+1$ 后继续这一检查，直至发现 $y_{s\ +1,\ 1}=y_{s\ +1,\ 2}=\cdots y_{s+1,\ 2^i}=b$，否则，$M$ 进入一个拒绝状态并且停机。

对于每个 $1\leqslant s\leqslant d$ 和每个 $1\leqslant j\leqslant 2^j$，令 $B(i,\ j)_s$表示位于 y_{sj+1}(对于 $1\leqslant s\leqslant d-1$ 和 $j=2^i$，$y_{sj+1}\triangleq\#$，并且对于 $s=d$ 和 $j=2^i$，$y_{sj+1}\triangleq$右边界符号$\$$)之前的 $B(i,\ j)$。对于每个 $1\leqslant j\leqslant 2^i$，为了检查 $num(h(y_{s\ 1}y_{s\ 2}\cdots y_{s\ 2^i}))+1=num(h(y_{s\ +1,\ 1}y_{s\ +1,\ 2}\cdots y_{s+1,\ 2^i}))$，$M$ 利用 $B(i,\ j)_s$和 $B(i,\ j)_{s+1}$作为“码尺”(yardstick)，检查 y_{sj}和 $y_{s+1,j}$是否具有如期的关系，即 M 从 $j=2^i$开始，重复执行以下步骤：

M 将 $B(i,\ j)_s$的最后 $i-1$ 个符号存放于下推栈[栈顶是 $B(i,\ j)_s$的最后一个符号]，并通过有穷控制器记住 $B(i,\ j)_s$的第一个符号、y_{sj}和 $y_{sj\ +1}=y_{sj\ +2}=\cdots=y_{s\ 2^i}=b$ 这一逻辑表达式的真假 3 个信息。随后，M 通过比较$B(i,\ j)_s$和每个 $B(i,\ j')_{s+1}$ $(1\leqslant j'\leqslant 2^i)$是否相等，找到紧跟在 $t_{s+1,j}B(i,\ j)_{s+1}$之后的 $y_{s+1,j}$。$B(i,\ j)_s$和 $B(i,\ j')_{s+1}$的比较如下：M 移动其输入头至字符 $y_{s+1,j'+1}$，随后，M 的输入头每向左移动一个单元格，弹出下推栈中的一个字符，并且比

较输入头下的符号 s_1 和刚弹出的栈符号 s_2，如果 s_1 和 s_2 不同，则 M 重新将 $B(i,\ j)_s$ 的最后 $i-1$ 个字符存入下推栈，先将 s_2 存入栈，之后将 s_1 和 $y_{s+1,j'+1}$ 之间的字符存入堆栈，从而为比较 $B(i,\ j)_s$ 和下一个 $B(i,\ j')_{s+1}$ 做好准备。如果 M 发现有 $j=2^i$ 或 $\forall r(j+1\leqslant r\leqslant 2^i)[y_{sr}=b]$，则有 $y_{s+1,j}=\overline{y_{sj}}$，否则 $y_{s+1,j}=y_{sj}$（这里 $\overline{a}=b$ 且 $\overline{b}=a$），那么，M 就在 $j=j-1$ 上继续执行上述检查，直至发现 $B(i,\ j-1)_s=\underbrace{00\cdots0}_{i}$；否则，如果 M 发现没有上述事实，则 M 进入一个拒绝状态并且停机。

检查 c：为了检查 t_{sj} 是否为空，M 将输入头移动至符号 y_{sj+1}，并在下推栈中存放 $i-1$ 个栈符号。M 每将输入头向左移动一个单元格，就从下推栈中弹出一个字符，直到下推栈为空。在下推栈为空时，M 将输入头向左移动两个单元格，并且看输入头下面的字符是否属于 $\{a,\ b\}$。如果该字符属于 $\{a,\ b\}$，则 M 可确定 t_{sj} 是空串；否则，t_{sj} 不是空串。我们可以看到，为了重新把 $i-1$ 个栈符号存入下推栈，M 只需按以上的反方向移动其输入头即可。

另外，为了检查 $x_{s\ 1}v_{s\ 1}x_{s\ 2}v_{s\ 2}\cdots x_{sl_s\ -2^i}v_{sl_s\ -2^i}$ 是否是空串，M 在检查 t_{sj} 是否为空的过程中，使用有穷控制器记住 $B(i,\ j)_s=\underbrace{00\cdots0}_{i}$ 的真假。当 M 发现 $B(i,\ j)_s=\underbrace{00\cdots0}_{i}$ 为真（即 $j=1$）时，它向左移动至符号 y_{sj}，并且检查 y_{sj} 之前的符号是否是 ¢ 或#。

很显然，在 M 试图存储 i（$i\geqslant1$）个栈符号至下推栈之前，它总能使用 $i-1$ 个下推栈单元确定输入串的长度至少为 $2^i\cdot2^{2^i}$。据此，我们可以确信，对于任意的具有如公式（3-8）形式的输入串 x，M 在 x 上的计算路径所使用的栈空间不会超过 $\log\log|x|$。引理 3.1 证毕。

3.3 本章小结

本章给出了交替式下推自动机及其复杂性语言族的定义，同时给出了贯穿全文的一些记号和字符串模式，并在此基础上，给出了引理 3.1。这个引理的结论将成为后面几章中许多证明的前提。引理 3.1 证明中所给出的识别语言的算法对本书后面的证明也有参考价值。

第 4 章

多墨水点交替式下推自动机的计算复杂性研究

本章提出多墨水点交替式下推自动机的概念，并对亚对数空间下，墨水点个数对计算能力的影响进行了研究。我们还研究了亚对数空间下，仅有全称状态的多墨水点交替式下推自动机的计算能力与仅有存在状态的多墨水点交替式下推自动机计算能力的关系，证明了它们的计算能力是不可比较的。

4.1 定义和标识约定

我们首先提出多墨水点 2 方向交替式下推自动机(Multi-Inkdot Two-Way Alternating Pushdown Automaton)的概念。一个 k 墨水点 2 方向交替式下推自动机(k-Inkdot Two-Way Alternating Pushdown Automaton，$2APDA^k$)，这里 $k \geq 0$，是一个具有 k 个墨水点的 2APDA，它可以使用这 k 个墨水点标记输入带上的 k 个单元格。一旦某个墨水点被用来标记输入带上的某个单元格后，这个墨水点就不会被清除掉，从而也不能回收再利用，而且最多有 k 个可用的墨水点。一个 k 墨水点 2 方向非确定性下推自动机，记为 $2NPDA^k$，是一个仅有存在状态的 $2APDA^k$。我们把仅有全称状态的 $2APDA^k$ 记为 $2UPDA^k$。

一个 k 墨水点 2 方向交替式图灵机(k-Inkdot Two-Way Alternating Turing Machine，$2ATM^k$)，这里 $k \geq 0$，是一个具有 k 个墨水点的 2ATM。一个 k 墨

水点 2 方向非确定性图灵机，记为 2NTM^k，是一个仅有存在状态的 2ATM^k。我们把仅有全称状态的 2ATM^k 记为 2UTM^k。

对于每个 $X \in \{A, N, U\}$，每个 $k \geqslant 0$ 和任意的函数 $L(n)$，我们用 *strong*-$2\text{XPDA}^k(L(n))$[或 *weak*-$2\text{XPDA}^k(L(n))$]表示被强(或弱)$L(n)$空间限定的 2XPDA^k 所识别语言的集合，用 *weak*-$2\text{XTM}^k(L(n))$ 表示被弱 $L(n)$ 空间限定的 2XTM^k 所识别语言的集合。

4.2 多墨水点交替式下推自动机的墨水点层次性

本节研究墨水点个数对多墨水点交替式下推自动机的计算能力的影响。我们证明了对于亚对数空间限定的仅有全称状态的多墨水点交替式下推自动机，每增加一个墨水点，都能够提高计算能力。

Inoue 等在文献[31]中证明了，对于任意的整数 $k \geqslant 1$，有

$$\textit{strong}\text{-}2\text{NTM}^{k+1}(\log\log n) - \textit{weak}\text{-}2\text{NTM}^k(o(\log n)) \neq \varnothing。\quad (4\text{-}1)$$

Yoshinaga 等在文献[72]中证明了一个与此成对的结果，对于任意的整数 $k \geqslant 1$，有

$$\textit{strong}\text{-}2\text{UTM}^{k+1}(\log\log n)) - \textit{weak}\text{-}2\text{UTM}^k(o(\log n)) \neq \varnothing。\quad (4\text{-}2)$$

我们在本节给出一个与文献[39]中结果相类似的，关于多墨水点 2 方向交替式下推自动机的墨水点阶层性定理。

定理 4.1 对于任意的整数 $k \geqslant 1$，有

$$\textit{strong}\text{-}2\text{UPDA}^{k+1}(\log\log n) - \textit{weak}\text{-}2\text{UTM}^k(o(\log n)) \neq \varnothing。\quad (4\text{-}3)$$

证明：对于任意的整数 $k \geqslant 1$，令

$$\begin{aligned} L(k) = \{ & Ruler(n) c w_{11} c w_{12} c \cdots c w_{1r_1} c c w_{21} c w_{22} c \cdots c w_{2r_2} c c \cdots \\ & c c w_{k\,1} c w_{k\,2} c \cdots c w_{kr_k} c u \in \{0, 1, a, b, c, \#\}^+ \mid n \geqslant 1 \,\& \\ & \forall s(1 \leqslant s \leqslant k)[r_s \geqslant 1 \,\&\, \forall t(1 \leqslant t \leqslant r_s)[w_{st} \in D(n)]] \,\& \\ & u \in D(n) \,\&\, \exists i(1 \leqslant i \leqslant k)[\forall j(1 \leqslant j \leqslant r_i)[w_{ij} \neq u]]\}。\end{aligned} \quad (4\text{-}4)$$

我们首先证明 $L(k+1) \in$ *strong*-$2\text{UPDA}^{k+1}(\log\log n)$。我们可以构造一个按如下算法运行的强 $\log\log n$ 空间限定的 $2\text{UPDA}^{k+1} M$。不失一般性，对于任意的整数 $n \geqslant 1$，我们假定 M 的一个输入串具有以下形式：

$$\not{c} Ruler(n) c w_{11} c w_{12} c \cdots c w_{1r_1} c c w_{21} c w_{22} c \cdots c w_{2r_2} c c \cdots c c w_{k+1,\,1} c w_{k+1,\,2} c \cdots c w_{k+1,\,r_{k+1}} c u \$ 。\quad (4\text{-}5)$$

式中：对于任意的 $1\leqslant i\leqslant k+1$，有 $r_i\geqslant 1$，对于任意的整数 $1\leqslant j\leqslant r_i$，有 $w_{ij}\in(\{a,\ b\}\{0,\ 1\}^+)^+$，同时，有 $u\in(\{a,\ b\}\{0,\ 1\}^+)^+$。

这是因为我们在第 3 章的引理 3.1 中已经证明了 $\{Ruler(n)\mid n\geqslant 1\}$ 可以被一个强 loglog n 空间限定的 2 方向确定性下推自动机识别，因而，不同于上述形式的任何输入都将被 M 拒绝。在识别出 $Ruler(n)$ 后，M 可以利用 $Ruler(n)$ 存储 loglog n 个栈符号在其下推栈中。通过使用这 loglog n 个栈符号，M 可以检测每个 w_{ij} 和 u 是否都在 $D(n)$ 中。随后，在第一个板块 $cw_{11}cw_{12}c\cdots cw_{1r_1}c$ 中，对于每一个的 $1\leqslant j\leqslant r_1$，$M$ 全称性地进行分支运算，在第 j 个分支，M 用第一个墨水点标记出恰好在 w_{1j} 之前的字符 “c”，从而为检测是否有 $w_{1j}\neq u$ 做好准备。此后，M 就可以使用 loglog n 个栈符号[需要时，随时可以通过扫描 $Ruler(n)$ 得到并存储在下推栈中]作为计数器。同时使用标记在输入带上的那个墨水点作为轴线，通过来回往返地移动输入头来比较 w_{1j} 和 u 是否相等。如果发现 $w_{1j}\neq u$，M 就将其输入头移动至右边界符号 \$，并且进入一个接受状态；否则，M 移动至下一个板块，并采用与上述第一个板块中相同的方法，使用第二个墨水点，全称性地检测对于每个 $1\leqslant j\leqslant r_2$ 是否都有 $w_{2j}\neq u$。这样的动作一直运行下去，直至找到某 $1\leqslant i\leqslant k+1$，使得在第 i 个板块中，$w_{ij}\neq u$ 对于每个 $1\leqslant j\leqslant r_i$ 都成立，即这个输入被 M 接受。如果上述检测在所有的 $k+1$ 个板块中都失败了，那么，M 已经用完了所有的墨水点，不会进入任何接受状态，也即这个输入被 M 拒绝。很显然，对于任何一个计算路径，loglog n 个栈单元格和 $k+1$ 个墨水点就足够了，从而我们证明了 M 接受语言 $L(k+1)$ 中的所有字符串。

我们接着证明 $L(k+1)\notin weak\text{-}2\mathrm{UTM}^k(o(\log n))$。假设相反地，存在一个弱 $L(n)$ 空间限定的 $2\mathrm{UTM}^k$ M 接受 $L(k+1)$，其中，$L(n)=o(\log n)$。对于任意的整数 $n\geqslant 1$，令：

$$V(n)=\{Ruler(n)y_1y_2\cdots y_{k+1}u\in\{0,\ 1,\ a,\ b,\ c,\ \#\}^+\mid \forall i(1\leqslant i\leqslant k+1)[y_i\in W(n)]\&u\in D(n)\}。\tag{4-6}$$

式中：

$$W(n)=\{cw_1cw_2c\cdots cw_{2^{2^n}}c\in\{0,\ 1,\ a,\ b,\ c\}^+\mid \forall j(1\leqslant j\leqslant 2^{2^n})[w_j\in D(n)]\}。\tag{4-7}$$

我们考虑 M 在 $V(n)$ 中的字符串上的计算。令 $r(n)$ 表示 $V(n)$ 中每个字符串的长度，则有 $r(n)=O(n\cdot 2^n\cdot 2^{2^n})$。令 $C(n)$ 表示当 M 最多使用 $L(r(n))$ 个工作带单元格时，所有可能的存储状态的集合。令 $u(n)$ 表示 $C(n)$ 中元素的个数，则有 $u(n)=O(t^{L(r(n))})$，这里 t 是一个与有穷控制器状态的个数、工作带的带符号个数相关的常数。

令 x，y 是 $W(n)$ 中的两个字符串，我们称 x 和 y 是 M-等价的，如果对于每对存储状态 q，$q'\in C(n)$，任意的整数 $1\leqslant i\leqslant k$ 和任意的 d，$d'\in\{right, left\}$：

① 存在一个 $L(r(n))$ 空间限定的计算，在这个计算中，M 在状态 q，带着 i 个墨水点(或没有携带任何墨水点)从 d 边进入 x，并且最后在状态 q' 时，从 d' 边退出 x，在此期间，M 没有使用任何墨水点。

等价于：存在一个 $L(r(n))$ 空间限定的计算，在这个计算中，M 在状态 q，带着 i 个墨水点(或没有携带任何墨水点)从 d 边进入 y，并且最后在状态 q' 时，从 d' 边退出 y，在此期间，M 没有使用任何墨水点。

② 存在一个计算，在这个计算中，M 在状态 q，带着 i 个墨水点(或没有携带任何墨水点)从 d 边进入 x，并且最后退出 x，在此期间，M 没有使用任何墨水点，但是用了超过 $L(r(n))$ 的工作带单元格。

等价于：存在一个计算，在这个计算中，M 在状态 q，带着 i 个墨水点(或没有携带任何墨水点)从 d 边进入 y，并且最后退出 y，在此期间，M 没有使用任何墨水点，但是用了超过 $L(r(n))$ 个工作带单元格。

③ 存在一个计算，在这个计算中，M 在状态 q，带着 i 个墨水点(或没有携带任何墨水点)从 d 边进入 x，并且从未再从 x 中退出。

等价于：存在一个计算，在这个计算中，M 在状态 q，带着 i 个墨水点(或没有携带任何墨水点)从 d 边进入 y，并且从未再从 y 中退出。

很显然，由 $W(n)$ 中 M-等价的字符串所构成的等价类的个数不会超过 $e(n)=O(s^{u(n)\times u(n)})$ 个，其中，s 是一个常数。对任意的 $y=cw_1cw_2c\cdots cw_{2^{2^n}}c\in W(n)$，令

$$\text{contents}(y)=\{u\in D(n)\mid \exists j(1\leqslant j\leqslant 2^{2^n})[w_j=u]\},\tag{4-8}$$

进一步，对于任意的整数 $n\geqslant 1$，令

$$R(n)=\{\text{contents}(y)\mid y\in W(n)\},\tag{4-9}$$

那么，$R(n)$ 中元素的个数与集合 $\{a, b\}^{2^n}$ 的非空子集的个数相等，从而有

$$|R(n)| = \binom{2^{2^n}}{1} + \binom{2^{2^n}}{2} + \cdots + \binom{2^{2^n}}{2^{2^n}} = 2^{2^{2^n}} - 1\text{。} \tag{4-10}$$

根据 $L(n)=o(\log n)$ 的假设，我们有 $\lim\limits_{n\to\infty} L(n)/\log n = 0$，所以，对于 $V(n)$ 中的字符串，有

$$\lim_{n\to\infty} L(r(n))/\log r(n) = 0, \tag{4-11}$$

又因为 $r(n)=O(n\cdot 2^n\cdot 2^{2^n})$，所以存在某个常数 $a>0$，使得 $\log r(n)<a\cdot 2^n$。根据这个结果和公式(4-11)，我们可以得到

$$\lim_{n\to\infty} L(r(n))/a\cdot 2^n = 0\text{。} \tag{4-12}$$

从这个结果，我们可以得到 $\lim\limits_{n\to\infty} L(r(n))/2^n=0$。根据以上计算和推理，我们可以得到，存在某个足够大的 n，使得 $|R(n)|>e(n)$。对于这样一个足够大的 n，一定存在 $W(n)$ 中的两个不同的元素 y 和 y' 是 M–等价的。因为 y 和 y' 不同，所以有 $\text{contents}(y)\neq\text{contents}(y')$。不失一般性，我们假定，存在某个 $u\in D(n)$，使得 $u\in\text{contents}(y)-\text{contents}(y')$。令 $z=Ruler(n)\#y_1y_2\cdots y_{k+1}u$，其中，$y_1=y_2=\cdots=y_{k+1}=y$。既然字符串 y 中包含与 u 相等的块，z 显然不属于 $L(k+1)$，所以，一定存在 M 在 z 上的一条计算路径，在这条计算路径中，M 从不进入任何接受状态，或者只有在使用了超过 $L(r(n))$ 个工作带单元格时才进入接受状态。我们可以固定 M 在 z 上的其中一条计算路径，并记为 $comp(z)$。既然 M 在 $comp(z)$ 上最多用了 k 个墨水点，我们可以断定：一定存在某个 $y_i(1\leqslant i\leqslant k+1)$，使得在 $comp(z)$ 这条计算路径上，M 没有在 y_i 中使用它的 k 个墨水点中的任何一个。令 z' 是通过用 y' 替换 z 中的字符串 $y_i(=y)$ 而得到的字符串。因为 y 和 y' 是 M–等价的，所以，从 $comp(z)$ 通过用 M 在 y' 上的计算片段代替其在 y 上的计算片段，我们可以构造一条 M 在 z' 上的计算路径。在这条计算路径中，M 要么从不进入接受状态，要么仅在使用了超过 $L(r(n))$ 个工作带单元格的时候才进入接受状态。因此，z' 从不会被 M 接受。这是一个矛盾，因为 y' 不含有字符块 u，从而 z' 在 $L(k+1)$ 中。

根据定理 4.1，我们得到以下推论。

推论 4.1　对于每个 $m\in\{strong, weak\}$，每个整数 $k\geqslant 0$ 和任意的函数 $\log\log n\leqslant L(n)=o(\log n)$，有

$$m\text{-2UPDA}^k(L(n))\subsetneq m\text{-2UPDA}^{k+1}(L(n))\text{。} \tag{4-13}$$

4.3 全称状态与存在状态计算方式的不可比较性

在本节中，我们研究亚对数空间限定的 $2NPDA^k$ 和 $2UPDA^{k'}$ 之间的关系，对于每个 $k,k' \geqslant 1$。我们给出一个引理，它是对文献[67]中的引理 4.1 的扩展。

引理 4.1 对于每个 $k \geqslant 1$，令

$$L_u(k)=\{Ruler\ (n)\#cw_{11}cw_{12}c\cdots cw_{1r_1}ccu_1cw_{21}cw_{22}c\cdots cw_{2r_2}ccu_2c\cdots cw_{k\ 1}cw_{k\ 2}c\cdots cw_{kr_k}ccu_k \in \{0,\ 1,\ a,\ b,\ c,\ \#\}^+ \mid n \geqslant 1 \& \forall i(1 \leqslant i \leqslant k)[r_i \geqslant 1 \& u_i \in D(n) \& \forall j(1 \leqslant j \leqslant r_i)[w_{ij} \in D(n) \& w_{ij} \neq u_i]]\}, \tag{4-14}$$

并令

$$L_n(k)=\{Ruler(n)\#cw_{11}cw_{12}c\cdots cw_{1r_1}ccu_1cw_{21}cw_{22}c\cdots cw_{2r_2}ccu_2c\cdots cw_{k\ 1}cw_{k\ 2}c\cdots cw_{kr_k}ccu_k \in \{0,\ 1,\ a,\ b,\ c,\ \#\}^+ \mid n \geqslant 1 \& \forall i(1 \leqslant i \leqslant k)[r_i \geqslant 1 \& u_i \in D(n) \& \forall j(1 \leqslant j \leqslant r_i)[w_{ij} \in D(n)]]\ \exists i(1 \leqslant i \leqslant k)[\ \exists j(1 \leqslant j \leqslant r_i)[w_{ij} \in D(n) \& w_{ij} \neq u_i]]\}, \tag{4-15}$$

那么：

① $L_u(k) \in strong\text{-}2UPDA^1\ (\log\log n)$；

② $L_n(k) \in strong\text{-}2UPDA^1\ (\log\log n)$；

③ $L_u(k)$，$L_n(k) \in strong\text{-}2APDA^0\ (\log\log n)$；

④ $L_u(k) \notin weak\text{-}2NPDA^{k-1}(o(\log n))$；

⑤ $L_n(k) \notin weak\text{-}2UPDA^{k-1}(o(\log n))$。

证明①：与文献[67]中的引理 4.1(1)中的"$L_3 \in strong\text{-}2UPDA^1\ (\log\log n)$"的证明类似。我们可以构造一个按如下算法运行的强 loglog n 空间限定的 $2UPDA^1$ M 识别 $L_u(k)$。不失一般性，对于任意的整数 $n \geqslant 1$，我们假定 M 的一个输入串具有以下形式：

$$\cancel{c}Ruler(n)cw_{11}cw_{12}ccu_1\cdots cw_{1r_1}ccw_{21}cw_{22}c\cdots cw_{2r_2}ccu_2c\cdots ccw_{k\ +1,1}cw_{k\ +1,2}c\cdots cw_{k\ +1,r_{k+1}}cu_k\$\ 。 \tag{4-16}$$

式中：对于每个 $1 \leqslant i \leqslant k$，有 $u_i \in (\{a,\ b\}\{0,\ 1\}^+)^+$，$r_i \geqslant 1$，对于每个整数 $1 \leqslant j \leqslant r_i$，有 $w_{ij} \in (\{a,\ b\}\{0,\ 1\}^+)^+$。

这是因为我们在第 3 章的引理 3.1 中已经证明了$\{Ruler(n) \mid n \geqslant 1\}$可以

被一个强 loglog n 空间限定的 2 方向确定性下推自动机识别，因而，不同于上述形式的任何输入都将被 M 拒绝。在识别出 $Ruler(n)$ 后，M 可以利用 $Ruler(n)$ 存储 loglog n 个栈符号在其下推栈中。通过使用这 loglog n 个栈符号，M 可以检测每个 w_{ij} 和 u_i 是否都在 $D(n)$ 中。

随后，对于每个 $1 \leqslant i \leqslant k$，$M$ 全称性地进行分支运算，在每个分支 i，M 移动输入头至 w_{i1} 之前的字符 c，之后 M 对每个 $1 \leqslant j \leqslant r_i$ 进一步进行全称性的分支运算，在每个分支 j，M 移动输入头至 w_{ij} 之前的字符 c，并用唯一的一个墨水点标志出字符 c。然后，M 就可以用这个墨水点作为 w_{ij} 的标志，用它右边第一次出现的两个连续的字符 c 作为 u_i 的标志，使用 w_{ij} 和 u_i 中的 $B(n, 1)$ 至 $B(n, 2^n)$ 作为“标尺”，通过来回移动输入头，M 可以确定性地检测 w_{ij} 和 u_i 是否相等。仅当所有分支都检测到 w_{ij} 和 u_i 不相等时，M 才接受给定的输入。很显然，对于任何一个计算路径，loglog n 个栈单元格和一个墨水点就足够了，从而我们证明了 M 接受语言 $L_u(k)$ 中的所有字符串。

证明②：与上述的证明①类似，只是识别语言 $L_n(k)$ 的强 loglog n 空间限定的 $2NPDA^1M$ 连续进行 2 次存在性的分支运算。

证明③：与文献[67]中的引理 4.1（2）和（3）中的“L_3，$L_4 \in$ *strong*-2APDA（loglog n）”的证明类似。我们可以构造一个按如下算法运行的强 loglog n 空间限定的 $2APDA^0M$ 识别 $L_n(k)$。不失一般性，对于任意的整数 $n \geqslant 1$，我们假定 M 的一个输入串具有以下形式：

$$\cent\, Ruler(n) c w_{11} c w_{12} c c u_1 \cdots c w_{1r_1} c c w_{21} c w_{22} c \cdots$$
$$c w_{2r_2} c c u_2 c \cdots c c w_{k+1,1} c w_{k+1,2} c \cdots c w_{k+1,r_{k+1}} c u_k \$ 。\quad (4\text{-}17)$$

式中：对于每个 $1 \leqslant i \leqslant k$，有 $u_i \in (\{a, b\}\{0, 1\}^+)^+$，$r_i \geqslant 1$，对于每个整数 $1 \leqslant j \leqslant r_i$，有 $w_{ij} \in (\{a, b\}\{0, 1\}^+)^+$。

这是因为我们在第 3 章的引理 3.1 中已经证明了 $\{Ruler(n) \mid n \geqslant 1\}$ 可以被一个强 loglog n 空间限定的 2 方向确定性下推自动机识别，因而，不同于上述形式的任何输入都将被 M 拒绝。在识别出 $Ruler(n)$ 后，M 可以利用 $Ruler(n)$ 存储 loglog n 个栈符号在其下推栈中。通过使用这 loglog n 个栈符号，M 可以检测每个 w_{ij} 和 u_i 是否都在 $D(n)$ 中。

随后，M 先进行存在性的分支运算，M 非确定性地猜某个 $1 \leqslant i \leqslant k$，并移动其输入头至 w_{i1} 之前的字符 c，之后 M 对每个 $1 \leqslant j \leqslant r_i$ 进行全称性的分支运算，在每个分支 j，M 移动输入头至 w_{ij} 之前的字符 c。此时，M 进一步对

每个 $1\leqslant l\leqslant 2^n$进行全称性的分支运算，在每个分支 l，M 将 w_{ij}中从左边数第 l 个属于$\{a, b\}$的字符放入其有穷控制器，将该字符后面的地址 $B(n, l)$保存至下推栈，之后向右移动输入头至第一次出现两个连续的字符 c 的地方，右面就是 u_i。然后，M 使用存放在下推栈中的 $B(n, l)$作为标尺，找到 u_i的从左边数第 l 个属于$\{a, b\}$的字符。比较这个字符和存放在有穷控制器中的字符是否相等。仅当所有的全称分支都得到两个字符相等的结果，M 才接受给定的输入。很显然，对于任何一个计算路径，loglog n 个栈单元格就足够了，从而我们证明了 M 接受语言 $L_n(k)$中的所有字符串。

采用类似的方法，我们可以证明 $L_u(k)\in strong\text{-}2\mathrm{APDA}^0(\log\log n)$。

证明④：证明的主要思路和文献[60]定理 4 的第 2 部分类似。在文献[60]定理 4 的证明中，我们不需要考虑墨水点，但是，我们需要在这里考虑墨水点的存在，所以，本证明是对文献[60]定理 4 证明的一个扩展(在本节中，我们考虑输入串中没有使用墨水点部分的计算路径)。

利用反证法，假定相反地，存在一个弱 $L(n)$空间限定的 $2\mathrm{NTM}^{k-1}M$ 接受语言 $L_u(k)$，其中，$L(n)=o(\log n)$。不失一般性，我们假设 M 仅在输入带的右边界符号 \$ 处进入接受状态。对于每个 $n\geqslant 1$，令

$$V(n)=\{Ruler(n)\#cy_1ccu_1cy_2ccu_2c\cdots cy_kccu_k \mid \forall j(1\leqslant j\leqslant k)[y_j\in W(n)\&u_j\in D(n)\}。\tag{4-18}$$

式中：

$$W(n)=\{w_1cw_2c\cdots cw_{2^{2n}}\in\{0, 1, a, b, c\}^+ \mid \forall i(1\leqslant i\leqslant 2^{2n})[w_i\in D(n)]\}。\tag{4-19}$$

我们考虑 M 在 $V(n)$中的字符串上的计算路径。令 $r(n)$是 $V(n)$中字符串的长度。那么，有 $r(n)=O(n\cdot 2^n\cdot 2^{2^n})$。令 $C(n)$表示当 M 最多使用 $L(r(n))$存储带单元的时候，所有可能存储状态的集合，令 $u(n)$表示 $C(n)$中元素的个数。那么，有 $u(n)=O(t^{L(r(n))})$，这里，t 是一个与有穷控制器状态的个数、工作带的带符号个数相关的常数。

令 x 和 y 是 $W(n)$中的两个字符串。我们称 x 和 y 是 M–等价的，如果对于每一对存储状态 $q, q'\in C(n)$，每个 $d,d'\in\{right, left\}$和每个 $0\leqslant i\leqslant k-1$，存在一条 $L(r(n))$空间限定的计算路径。在这条计算路径中，M 在状态 q 带着 i 个墨水点从 d 边进入 x，最后在状态 q'从 d'边离开 x，并且在此期间没有

使用任何墨水点存在一条 $L(r(n))$ 空间限定的计算路径，在这条计算路径中，M 在状态 q 带着 i 个墨水点从 d 边进入 y，最后在状态 q' 从 d' 边离开 y，并且在此期间没有使用任何墨水点。

很显然，至少存在 $e(n)=O(s^{u(n)\times u(n)})$ 个 M-等价的字符串的集合，这些集合是 $W(n)$ 的互不相交的子集，这里 s 是一个常数。

对于每个 $y=w_1cw_2c\cdots cw_{2^{2^n}}\in W(n)$，令

$$\text{contents}(y)=\{u\in D(n)\mid\exists j(1\leqslant j\leqslant 2^{2^n})[w_j=u]\}\text{，}\qquad(4\text{-}20)$$

进而，对每个 $n\geqslant1$，令

$$R(n)=\{\text{contents}(y)\mid y\in W(n)\}\text{，}\qquad(4\text{-}21)$$

那么，有 $|R(n)|=2^{2^{2^n}}-1$。从我们的假设 $L(n)=o(\log n)$ 和 $r(n)=O(n\cdot 2^n\cdot 2^{2^n})$ 的事实可以得到，对于足够大的 n，有 $|R(n)|>e(n)$。对于这样一个足够大的 n，一定存在 $W(n)$ 中的两个 M-等价的字符串 y 和 y'，使得 $\text{contents}(y)\neq\text{contents}(y')$。不失一般性，我们假设存在某个 $u\in D(n)$ 使得 $u\in\text{contents}(y')-\text{contents}(y)$。令 $z=Ruler(n)\#cy_1ccucy_2ccuc\cdots cy_kccu$，其中，$y_1=y_2=\cdots=y_k=y$。很显然，$z$ 在 $L_u(k)\cap V(n)$ 中。所以，至少存在 M 在 z 上的一条 $L(r(n))$ 空间限定的接受路径。我们固定其中的一条路径，并记为 $comp(z)$。既然在路径 $comp(z)$ 中，M 最多可以使用 $k-1$ 个墨水点，我们可以得出，存在某个字符串 $y_i(1\leqslant i\leqslant k)$，使得 M 在这条路径中没有使用过任何墨水点。令 z' 是通过用 y' 代替 z 中的 $y_i(=y)$ 而得到的字符串。因为 y 和 y' 是 M-等价的，所以，从 $comp(z)$ 通过用 M 在 y' 上的计算片段代替其在 y 上的计算片段，我们可以构建 M 在 z' 上的一条 $L(r(n))$ 空间限定的接受计算路径，在这条路径上，M 最多使用了 $k-1$ 个墨水点。这是一个矛盾，因为 z' 不在 $L_u(k)$ 中。

证明⑤：证明思路和证明④类似，只是在这个证明中，我们需要考虑所有的导致非接受计算路径的情况，所以比证明④要复杂一些。假定相反地，存在一个弱 $(L(n))$ 空间限定的 $2\text{UTM}^{k-1}M$ 接受 $L_n(k)$，其中 $L(n)=o(\log n)$。同时，不失一般性，我们假设 M 在输入带的右边界符号 $\$$ 处进入接受状态。对于每个整数 $n\geqslant1$，令 $V(n)$，$W(n)$，$r(n)$，$C(n)$ 和 $u(n)$ 的定义如证明④中给出的一致。我们考虑 M 在 $V(n)$ 中字符串上的计算路径。进而，对于每个字符串 $y\in W(n)$，令 $\text{contents}(y)$ 是证明④中定义的集合。

我们称 x 和 y 是 M-等价的，如果对于每对存储状态 $q,q'\in C(n)$，每个

$d,d' \in \{right, left\}$和每个$0 \leqslant i \leqslant k-1$，则：

① 存在一条$L(r(n))$空间限定的计算路径，在这条计算路径中，M在状态q带着i个墨水点(或不带墨水点)从d边进入x，最后在状态q'从d'边离开x，并且在此期间没有使用任何墨水点。

等价于：存在一条$L(r(n))$空间限定的计算路径，在这条计算路径中，M在状态q带着i个墨水点(或不带墨水点)从d边进入y，最后在状态q'从d'边离开y，并且在此期间没有使用任何墨水点。

② 存在一条计算路径，在这条计算路径中，M在状态q带着i个墨水点(或不带墨水点)从d边进入x，最后在状态q'从d'边离开x，并且在此期间没有使用任何墨水点，但是使用了超过$L(r(n))$的存储带单元。

等价于：存在一条计算路径，在这条计算路径中，M在状态q带着i个墨水点(或不带墨水点)从d边进入y，最后在状态q'从d'边离开y，并且在此期间没有使用任何墨水点，但是使用了超过$L(r(n))$的存储带单元。

③ 存在一条计算路径，在这条计算路径中，M在状态q不带墨水点从d边进入x，并且不再从x中出来。

等价于：存在一条计算路径，在这条计算路径中，M在状态q不带墨水点从d边进入x，并且不再从x中出来。

与证明④类似，我们能够证明，对于足够大的n，一定存在$W(n)$中的两个不同的元素y和y'是M-等价的，而且$\text{contents}(y) \neq \text{contents}(y')$。不失一般性，我们假设存在某个$u \in D(n)$，使得$u \in \text{contents}(y') - \text{contents}(y)$。令$z = Ruler(n)\# cy_1ccucy_2ccuc\cdots cy_kccu$，其中，$y_1 = y_2 = \cdots = y_k = y$。很显然，$z$在集合$V(n) - L_n(k)$中，从而$z$不会被$M$接受，也就是说，至少存在一条$M$在$z$上的计算路径，在这条计算路径中，$M$不会进入接受状态，或者只有在使用了超过$L(r(n))$个工作带单元后，才会进入接受状态。我们固定其中一条这样的M在z上的计算路径，并把它记为$comp(z)$。因为在$comp(z)$中M最多使用了$k-1$个墨水点，所以存在某个字符串$y_i(1 \leqslant i \leqslant k)$，使得在路径$comp(z)$中，$M$从未在$y_i$上使用过墨水点。令$z'$是通过用$y'$代替$z$中的$y_i(=y)$而得到的字符串。因为$y$和$y'$是$M$-等价的，所以从$comp(z)$我们就可以很容易地从路径$comp(z)$构建一条$M$在$z'$上的计算路径，在这条计算路径中，$M$绝不会进入任何接受状态，或者只有在使用了超过$L(r(n))$个工作带单元后，才会进入接受状态。根据以上推理，$z'$将被$M$所拒绝。这是一个矛盾，

因为 z' 在 $L_n(k)$ 中。

关于一般的 2APDA 模型，对于每个 $m \in \{weak, strong\}$，亚对数空间限定的 m-2UPDA^0 和 m-2NPDA^0 在计算能力上的关系还是未知的。另外，对于具有多个墨水点的 2APDA，从引理 4.1 的①、②、④和⑤，我们可以得到下面的定理。

定理 4.2　对于每个 $k \geq 0$，有：

① $strong$-2UPDA^1 $(\log\log n)-weak$-2NTM$^k(o(\log n)) \neq \varnothing$；

② $strong$-2NPDA^1 $(\log\log n)-weak$-2UTM$^k(o(\log n)) \neq \varnothing$。

因此，对于每个 k，$k' \geq 1$，每个 m，$m' \in \{weak, strong\}$ 和任意的函数使得 $\log\log n \leq L(n) = o(\log n)$，我们有 m-2UPDA$^k(L(n))$ 和 m'-2NPDA$^{k'}$ $(L(n))$ 是不可比较的。

如果交替式下推自动机在计算过程中，状态从全称状态转换为存在状态，或者从存在状态转换为全称状态，我们称该机器进行了一次交替。在文献[66]中，徐建良教授等证明了在亚对数空间下，交替次数越多，机器的计算能力越强。我们很容易看到，识别 $L_u(k)$ 的强 $\log\log n$ 空间限定的 2APDA^0 是一个开始于全称状态且仅有 1 次交替的机器，但是根据引理 4.1 的④，$L_u(k)$ 却不能被具有任意有限个墨水点的仅有存在状态没有交替的机器所识别。通过 $L_n(k)$，我们也可以得出关于仅有全称状态没有交替的多墨水点机器的类似结论。也就是说，不管使用多少个墨水点，都不能替代 1 次交替所带来的计算能力上的增强。

徐建良教授等在文献[67]中证明了对于每个 $X \in \{U, N\}$，有

$$strong\text{-2APDA}^1(\log\log n)-weak\text{-2XPDA}^1(o(\log n)) \neq \varnothing。\quad (4\text{-}22)$$

根据引理 4.1 的③至⑤，我们可以优化这个结果如下。

定理 4.3　对于每个 $k \geq 0$ 和每个 $X \in \{U, N\}$，有

$$strong\text{-2APDA}^1(\log\log n)-weak\text{-2XPDA}^k(o(\log n)) \neq \varnothing。\quad (4\text{-}23)$$

4.4　本章小结

在本章中，我们给出了仅有全称状态的亚对数空间限定的多墨水点交替式下推自动机的计算能力随着墨水点的增加而增强，即在墨水点个数上存在着无限扩展的层次性。对于每个整数 $k \geq 1$、每个整数 $l \geq 1$ 和任意的函数

$L(n)$，令 $strong\text{-}2\mathrm{ATM}^k(L(n),l)$［或 $weak\text{-}2\mathrm{ATM}^k(L(n),l)$］表示被强（或弱）$L(n)$ 空间限定的最多具有 l 个叶节点的 $2\mathrm{ATM}^k$ 所识别的语言的集合。徐建良教授等在文献[61]中证明了对于每个 $k\geqslant 0$ 和每个 $l\geqslant 1$，有

$$strong\text{-}2\mathrm{APDA}^{k+1}(\log\log n,l)-weak\text{-}2\mathrm{ATM}^k(o(\log n),l)\neq\varnothing,\tag{4-24}$$

很显然，当 $l=1$ 时，上述结果可写为

$$strong\text{-}2\mathrm{NPDA}^{k+1}(\log\log n)-weak\text{-}2\mathrm{NTM}^k(o(\log n))\neq\varnothing。\tag{4-25}$$

从而有，对于每个 $m\in\{strong,weak\}$、每个整数 $k\geqslant 1$ 和任意的函数 $\log\log n\leqslant L(n)=o(\log n)$，有

$$m\text{-}2\mathrm{NPDA}^k(L(n))\subsetneq m\text{-}2\mathrm{NPDA}^{k+1}(L(n))。\tag{4-26}$$

遗憾的是，对于任意的整数 $k\geqslant 1$，$strong\text{-}2\mathrm{APDA}^{k+1}(\log\log n)-weak\text{-}2\mathrm{ATM}^k(o(\log n))\neq\varnothing$ 是否成立，仍然是一个未解决的问题。我们还得到了以下结果：

$$strong\text{-}2\mathrm{APDA}^0(\log\log n)-(weak\text{-}2\mathrm{NPDA}^k(o(\log n))\cup weak\text{-}2\mathrm{UPDA}^k(o(\log n)))\neq\varnothing。\tag{4-27}$$

以上结果说明了无论增加多少个墨水点，都不能代替少了的那 1 次交替。但是，是不是无论多少交替次数都不能代替有限多个的墨水点？即 $strong\text{-}2\mathrm{XPDA}^k(\log\log n)-weak\text{-}2\mathrm{APDA}(o(\log n))\neq\varnothing$？仍然是一个未解决的难题。

我们还证明了对于每个 $k,k'\geqslant 1$、每个 $m,m'\in\{weak,strong\}$ 和任意的函数使得 $\log\log n\leqslant L(n)=o(\log n)$，仅有全称状态的语言族 $m\text{-}2\mathrm{UPDA}^k(L(n))$ 和仅有存在状态的语言族 $m'\text{-}2\mathrm{NPDA}^{k'}(L(n))$ 是不可比较的。但是，对于 2APDA，在不具备墨水点的情况下，仅有全称状态的语言族和仅有存在状态的语言族之间的关系却仍然是未知的。尽管我们还没有找到一个好的方法，本章的结果还是给我们提供了一些线索，希望在今后的工作中解决这个难题。

第 5 章

多墨水点交替式下推自动机的闭包属性

本章研究仅有存在状态(或仅有全称状态)的交替式下推自动机的闭包属性，这些自动机均具有多个墨水点和亚对数限定的存储空间。作为文献[68]中结果的一个扩展(该文献研究了只有 1 墨水点的亚对数空间限定交替式下推自动机的闭包属性)，本章证明了具有有限多个墨水点的仅有存在状态(或仅有全称状态)的亚对数空间限定交替式下推自动机在星号、保持长度的同态及与正则语言的连接等运算下是不封闭的。

在本章中，我们重申 $L(n)$ 是一个函数，满足 $L(n) \geqslant \log\log n$ 且$L(n)=o(\log n)$。同时，我们令 m 是集合$\{strong, weak\}$中的一个元素。

5.1 多墨水点非确定性下推自动机的闭包属性

徐建良教授等在文献[68]中证明了语言族 $m\text{-2NPDA}^1(L(n))$ 在交运算下不封闭。另外，他们还在文献[67]中证明了该语言族在补运算下不封闭。我们扩展这个结果，并且证明类似的结果对于任意有限多个墨水点的情况仍然成立。

我们首先引入以下引理。

引理 5.1 对于每个 $k \geqslant 1$，令

$$A(k)=\{Ruler(n)ccucw_{11}cw_{12}c\cdots cw_{1r_1}ccw_{21}cw_{22}c\cdots cw_{2r_2}cc\cdots ccw_{k\,1}cw_{k\,2}c\cdots cw_{kr_k}\in\{0,\ 1,\ a,\ b,\ c,\ \#\}^+\mid n\geqslant1\&u\in D(n)\&\forall s(1\leqslant s\leqslant k)[r_s\geqslant1\&\forall t(1\leqslant t\leqslant r_s)[w_{st}\in D(n)]]\&\forall i(1\leqslant i\leqslant k)[\exists j(1\leqslant j\leqslant r_i)[w_{ij}=u]]\},\tag{5-1}$$

那么

$$A(k)\notin weak\text{-}2\mathrm{NTM}^{k-1}(o(\log n)),\tag{5-2}$$

从而

$$A(k)\notin weak\text{-}2\mathrm{NPDA}^{k-1}(o(\log n))。\tag{5-3}$$

证明：由于证明的基本思路和方法与第 4 章引理 4. 1 的证明④类似，在此省略具体的论述。

定理 5. 1 对于任意的整数 $k\geqslant1$，语言族 m-2NPDA$^k(L(n))$在交运算下不封闭。

证明：对于任意的 $k\geqslant1$ 及每个 $1\leqslant i\leqslant k$,令

$$A(k,\ i)=\{Ruler(n)ccucw_{11}cw_{12}c\cdots cw_{1r_1}ccw_{21}cw_{22}c\cdots cw_{2r_2}cc\cdots ccw_{k\,1}cw_{k\,2}c\cdots cw_{kr_k}\in\{0,\ 1,\ a,\ b,\ c,\ \#\}^+\mid n\geqslant1\&u\in D(n)\&\forall s(1\leqslant s\leqslant k)[r_s\geqslant1\&\forall t(1\leqslant t\leqslant r_s)[w_{st}\in D(n)]]\&\exists j(1\leqslant j\leqslant r_i)[w_{ij}=u]\},\tag{5-4}$$

那么，我们可以得出：

① 每个 $A(k,\ i)$是语言族 $strong$-2NPDA^1 (loglog n)中的元素；

② $A(k,\ 1)\cap A(k,\ 2)\cap\cdots\cap A(k,\ k)=A(k)$。

以上事实是很容易证明的，在此省略。从上述事实和引理 5. 1，定理 5. 1得证。

定理 5. 2 对于每个 $k\geqslant1$，m-2NPDA$^k(L(n))$在补运算下不封闭。

证明：令 $L_n(k)$是在第 4 章引理 4. 1 中定义的那个语言。为了阅读方便，我们重新给出其定义如下：

$$L_n(k)=\{Ruler(n)\#cw_{11}cw_{12}c\cdots cw_{1r_1}ccu_1cw_{21}cw_{22}c\cdots cw_{2r_2}ccu_2c\cdots cw_{k\,1}cw_{k\,2}c\cdots cw_{kr_k}ccu_k\in\{0,\ 1,\ a,\ b,\ c,\ \#\}^+\mid n\geqslant1\&\forall i(1\leqslant i\leqslant k)[r_i\geqslant1\&u_i\in D(n)\&\forall j(1\leqslant j\leqslant r_i)[w_{ij}\in D(n)]]\exists i(1\leqslant i\leqslant k)[\exists j(1\leqslant j\leqslant r_i)[w_{ij}\in D(n)\&w_{ij}=u_i]]\}。\tag{5-5}$$

同时，令语言 $\overline{L_n(k)}$ 为语言 $L_n(k)$的补语言。通过使用和第 4 章引理 4. 1 的

证明④相同的技巧，我们可以证明 $\overline{L_n(k)} \notin weak\text{-}2NPDA^{k-1}(o(\log n))$，而且我们已经在第 4 章引理 4.1 的结论②中给出了 $L_n(k) \in strong\text{-}2\mathrm{NPDA}^1(\log\log n)$。根据上述事实，定理 5.2 得证。

很显然，语言族 $m\text{-}2\mathrm{NPDA}^k(L(n))$ 在并运算下是封闭的，这个事实和定理 5.1 及定理 5.2 显示了语言族 $m\text{-}2\mathrm{NPDA}^k(L(n))$ 在布尔运算(交、并、补)下的封闭性。

在文献[68]中，徐建良教授等还给出了语言族 $m\text{-}2\mathrm{NPDA}^1(L(n))$ 和 $m\text{-}2\mathrm{UPDA}^1(L(n))$ 在星号、与正则语言的连接及保持长度的同态等运算下都是不封闭的。在本节中，我们把这个结果扩展到多个墨水点的情况。

定理 5.3　语言族 $m\text{-}2\mathrm{NPDA}^k(L(n))$ 在下列运算下不封闭：①与正则语言的连接；②保持长度的同态；③星号。

证明①：对于任意的整数 $k \geqslant 1$，令

$$A_1(k) = \{Ruler(n)ccucw_{11}cw_{12}c\cdots cw_{1r_1}ccw_{22}c\cdots cw_{2r_2}cc\cdots ccw_{k\ 1}cw_{k\ 2}c\cdots cw_{kr_k} \in \{0, 1, a, b, c, \#\}^+ \mid n \geqslant 1 \& u \in D(n) \& \forall s(1 \leqslant s \leqslant k)[r_s \geqslant 1 \& \forall t(1 \leqslant t \leqslant r_s)[w_{st} \in D(n)]] \& \forall i(1 \leqslant i \leqslant k-1) \exists j(1 \leqslant j \leqslant r_i)[u = w_{ij}] \& u = w_{kr_k}\}, \tag{5-6}$$

$$A_2 = \{cwcu \mid w, u \in \{0, 1, a, b\}^+\}^*, \tag{5-7}$$

并且

$$A_3(k) = \{Ruler(n)ccucw_{11}cw_{12}c\cdots cw_{1r_1}ccw_{21}cw_{22}c\cdots cw_{2r_2}cc\cdots ccw_{k\ 1}cw_{k\ 2}c\cdots cw_{kr_k} \in \{0, 1, a, b, c, \#\}^+ \mid n \geqslant 1 \& u \in D(n) \& \forall s(1 \leqslant s \leqslant 2)[r_s \geqslant 1 \& \forall t(1 \leqslant t \leqslant r_s)[w_{st} \in D(n)]]\}。 \tag{5-8}$$

很显然，A_2 是正则语言。通过扩展文献[28]定理 1 证明中所使用的算法，我们可以证明 $A_1(k) \in strong\text{-}2\mathrm{NPDA}^{k-1}(\log\log n)$；同时，采用与第 3 章引理 3.1证明中类似的算法，我们可以证明 $A_3(k) \in strong\text{-}2\mathrm{DPDA}(\log\log n)$。假定 $A_1(k)A_2 \in strong\text{-}2\mathrm{NPDA}^{k-1}(L(n))$，即假定与正则语言的连接仍然属于亚对数空间限定 $k-1$ 墨水点交替式非确定性下推自动机所识别的语言族。那么，$A_1(k)A_2 \cap A_3(k)$ 也一定属于语言族 $strong\text{-}2\mathrm{NPDA}^{k-1}(L(n))$。因为根据假定 $A_1(k)A_2 \in strong\text{-}2\mathrm{NPDA}^{k-1}(L(n))$，必然有一个 $L(n)$ 空间限定的 $k-1$ 墨水点非确定性下推自动机 M 识别 $A_1(k)A_2$。从这个 M，我们可以构造一个 $L(n)$ 空间限定的 $k-1$ 墨水点非确定性下推自动机 M' 识别 $A_1(k)A_2 \cap A_3(k)$。对于任意的

字符串 $w \in A_1(k)A_2 \cap A_3(k)$，$M'$先使用 $k-1$ 个墨水点，模仿 M 在识别 $A_1(k)A_2$ 时的算法，以检测是否有 $w \in A_1(k)A_2$，在检测成功后，M'把输入头移动到最左边的输入带单元。因为 $A_3(k) \in strong\text{-}2\text{DPDA}(\log\log n)$，所以 M'不使用任何墨水点就可以确定是否有 $w \in A_3(k)$。这样，我们就在假设成立的前提下，得到了 $A_1(k)A_2 \cap A_3(k) \in strong\text{-}2\text{NPDA}^{k-1}(L(n))$，但这是一个矛盾，因为 $A_1(k)A_2 \cap A_3(k)=A(k)$，根据引理 5.1，$A(k) \notin weak\text{-}2\text{NPDA}^{k-1}(o(\log n))$。根据上述事实，可得 $A_1(k)A_2 \notin strong\text{-}2\text{NPDA}^{k-1}(L(n))$。综上所述，语言族 $m\text{-}2\text{NPDA}^k(L(n))$在与正则语言的连接运算下不封闭得证。

证明②：对于任意的整数 $k \geqslant 1$，令

$$A_4(k)=\{Ruler(n)ccucw_{11}cw_{12}c\cdots cw_{1r_1}ccw_{21}cw_{22}c\cdots cw_{2r_2}cc\cdots cc_1w_{k\ 1}c_2w_{k\ 2}c_3\cdots c_kw_{kr_k} \in \{0,1,a,b,c,\#\}^+ \mid n \geqslant 1 \& u \in D(n) \& \forall s(1 \leqslant s \leqslant k)[r_s \geqslant 1 \& \forall t(1 \leqslant t \leqslant r_s)[w_{st} \in D(n)]] \& \forall i(1 \leqslant i \leqslant k-1)\exists j(1 \leqslant j \leqslant r_i)[u=w_{ij}] \& \exists j(1 \leqslant j \leqslant r_k)[c_j=d \& u=w_{kj} \& \forall p(1 \leqslant p \leqslant r_k, p \neq j)[c_p=c]]\}, \quad (5\text{-}9)$$

我们很容易证明有 $A_4(k) \in strong\text{-}2\text{NPDA}^{k-1}(\log\log n)$。进而，我们可以证明 $g(A_4(k))=A(k)$，其中，g 是一个保持长度的同态函数，使得 $g(0)=0$，$g(1)=1$，$g(a)=a$，$g(b)=b$，$g(c)=c$，$g(d)=c$ 及 $g(\#)=\#$。根据这些事实和引理 5.1，语言族 $m\text{-}2\text{NPDA}^k(L(n))$在保持长度的同态运算下不封闭得证。

证明③：很显然，$A_1(k) \cup A_2 \in strong\text{-}2\text{NPDA}^{k-1}(\log n)$。假定$(A_1(k) \cup A_2)^*$也属于语言族 $weak\text{-}2\text{NPDA}^{k-1}(L(n))$，通过与证明①中相同的推理，$(A_1(k) \cup A_2)^* \cap A_3(k)$也必然属于 $weak\text{-}2\text{NPDA}^{k-1}(L(n))$。这是一个矛盾，因为$(A_1(k) \cup A_2)^* \cap A_3(k)=A(k)$。根据这些事实和引理 5.1，语言族 $m\text{-}2\text{NPDA}^k(L(n))$在星号运算下不封闭得证。

5.2 仅有全称状态的多墨水点交替式下推自动机的闭包属性

徐建良教授等在文献[68]中证明了语言族 $m\text{-}2\text{UPDA}^1(L(n))$在并运算下不封闭。另外，他们还在文献[67]中证明了该语言族在补运算下不封闭。我们扩展这个结果，并且证明类似的结果对于任意有限多个墨水点的情况仍然成立。为此，我们引入以下引理。

引理 5.2　对于每个 $k \geqslant 1$，令

$$B(k)=\{Ruler(n)ccucw_{11}cw_{12}c\cdots cw_{1r_1}ccw_{21}cw_{22}c\cdots cw_{2r_2}cc\cdots ccw_{k\ 1}cw_{k\ 2}c\cdots cw_{kr_k}\in\{0,\ 1,\ a,\ b,\ c,\ \#\}^+ \mid n\geqslant 1\&u\in D(n)\&\forall s(1\leqslant s\leqslant k)[r_s\geqslant 1\&\forall t(1\leqslant t\leqslant r_s)[w_{st}\in D(n)]]\&\exists i(1\leqslant i\leqslant k)[\forall j(1\leqslant j\leqslant r_i)[w_{ij}=u]]\},\tag{5-10}$$

那么

$$B(k)\notin weak\text{-}2\mathrm{UTM}^{k-1}(o(\log n)),\tag{5-11}$$

从而

$$B(k)\notin weak\text{-}2\mathrm{UPDA}^{k-1}(o(\log n))。\tag{5-12}$$

证明：由于证明的基本思路和方法与第 4 章引理 4.1 的证明⑤类似，在此省略具体的论述。

定理 5.4　对于任意的整数 $k \geqslant 1$，语言族 m-2UPDA$^k(L(n))$在并运算下不封闭。

证明：对于任意的 $k\geqslant 1$ 及每个 $1\leqslant i\leqslant k$，令

$$B(k,\ i)=\{Ruler(n)ccucw_{11}cw_{12}c\cdots cw_{1r_1}ccw_{21}cw_{22}c\cdots cw_{2r_2}cc\cdots ccw_{k\ 1}cw_{k\ 2}c\cdots cw_{kr_k}\in\{0,\ 1,\ a,\ b,\ c,\ \#\}^+ \mid n\geqslant 1\&u\in D(n)\&\forall s(1\leqslant s\leqslant k)[r_s\geqslant 1\&\forall t(1\leqslant t\leqslant r_s)[w_{st}\in D(n)]]\&\forall j(1\leqslant j\leqslant r_i)[w_{ij}\neq u]\},\tag{5-13}$$

那么，我们可以得出：

① 每个 $B(k,\ i)$是语言族 *strong*-2UPDA^1(loglog n)中的元素；

② $B(k,\ 1)\cup B(k,\ 2)\cup\cdots\cup B(k,\ k)=B(k)$。

以上的事实是很容易证明的，在此省略。从上述事实和引理 5.2，定理 5.4 得证。

定理 5.5　对于每个 $k\geqslant 1$，m-2UPDA$^k(L(n))$在补运算下不封闭。

证明：令 $L_u(k)$是在第 4 章引理 4.1 中定义的那个语言。为了阅读方便，我们重新给出其定义如下：

$$L_u(k)=\{Ruler(n)\#cw_{11}cw_{12}c\cdots cw_{1r_1}ccu_1cw_{21}cw_{22}c\cdots cw_{2r_2}ccu_2c\cdots cw_{k\ 1}cw_{k\ 2}c\cdots cw_{kr_k}ccu_k\in\{0,\ 1,\ a,\ b,\ c,\ \#\}^+ \mid n\geqslant 1\&\forall i(1\leqslant i\leqslant k)[r_i\geqslant 1\&u_i\in D(n)\&\forall j(1\leqslant j\leqslant r_i)[w_{ij}\in D(n)\&w_{ij}\neq u_i]]\}。\tag{5-14}$$

同时，令语言 $\overline{L_u}(k)$ 为语言 $L_u(k)$的补语言。通过使用和第 4 章引理 4.1 的证

明⑤相同的技巧，我们可以证明 $\overline{L_u(k)} \notin weak\text{-}2\mathrm{UPDA}^{k-1}(o(\log n))$。而且我们已经在第 4 章引理 4.1 的结论①中给出了 $L_u(k) \in strong\text{-}2\mathrm{UPDA}^1(\log\log n)$。根据上述事实，定理 5.5 得证。

为了证明语言族 $m\text{-}2\mathrm{UPDA}^k(L(n))$ 在星号、与正则运算的连接及保持长度的同态等运算下不封闭，我们引入以下引理。

引理 5.3 令

$$T=\{Ruler(n)cw_1cw_2c\cdots cw_rccu_1cu_2c\cdots c_{u_{r'}} \in \{0, 1, a, b, c, \#\}^+ \mid n \geqslant 1 \& (r, r' \geqslant 1) \& \forall k(1 \leqslant k \leqslant r)[w_k \in D(n)] \& \forall l(1 \leqslant l \leqslant r')[u_l \in D(n)] \& \exists i(1 \leqslant i \leqslant r')[\forall j(1 \leqslant j \leqslant r)[u_i \neq w_j]]\}, \tag{5-15}$$

那么

$$T \notin weak\text{-}2\mathrm{UTM}^k(L(n)), \tag{5-16}$$

从而

$$T \notin weak\text{-}2\mathrm{UPDA}^k(L(n))。 \tag{5-17}$$

证明：采用反证法。假设存在一个弱 $L(n)$ 空间限定的 $2\mathrm{UTM}^k M$ 接受语言 T，其中 $L(n)=o(\log n)$。不失一般性，我们假定 M 只在右边界符号 \$ 处进入接受状态。对于任意的整数 $n \geqslant 1$，令

$$V(n)=\{Ruler(n)cy_1ccy_2 \mid y_1, y_2 \in W(n) \& u \in D(n)\}。 \tag{5-18}$$

式中：

$$W(n)=\{w_1cw_2c\cdots cw_{2^{2^n}} \mid \forall i(1 \leqslant i \leqslant 2^{2^n})[w_i \in D(n)]\}。 \tag{5-19}$$

我们考虑 M 在字符串集合 $V(n)$ 上的计算路径。令 $r(n)$ 是 $V(n)$ 中每个元素的长度，则有 $r(n)=O(n \cdot 2^n \cdot 2^{2^n})$。同时，令 $u(n)$ 表示当 M 使用至少 $L(r(n))$ 的存储带空间时，所有可能的存储状态的个数，那么，我们可以得到：对于某个常数 t，$u(n)=O(t^{L(r(n))})$。

很显然，$V(n)$ 中的任意字符串 x 均不在 T 中，从而 x 将被 M 所拒绝，也就是说，至少存在这样一个 M 的快相(ID)序列 $I_0 \vdash I_1 \vdash \cdots \vdash I_m$，$m \geqslant 1$，具有下列①～④ 4 个性质。其中，对于 M 的任意两个快相 I 和 I'，如果 I' 是 M 在快相 I 下经过一步计算而得到的，我们记为 $I \vdash I'$。

① I_0 是 M 的起始快相。

② 对任意的 $0 \leqslant i \leqslant m-1$，$I_i$ 不是一个接受快相且 I_i 最多使用了 $L(|x|)$ 个工作带单元格。

③ 对于任意的 i，$j(0\leqslant i, j\leqslant m-1, i\neq j)$，有 $I_i\neq I_j$。

④ I_m满足下述条件之一：快相 I_m是一个非接受的停机快相；存在某个 $0\leqslant i\leqslant m-1$，$I_m=I_i$，也即快相序列中存在一个圈；快相 I_m使用了超过$L(|x|)$个的工作带单元格。

我们称具有上述 4 个性质的快相序列 $I_0\vdash I_1\vdash\cdots\vdash I_m$，$m\geqslant 1$，为 M 在 x 上的一个非接受序列。对于任意的 $y\in W(n)$，令

$$x(y)\triangleq Ruler(n)cyccy\in V(n)。\quad(5\text{-}20)$$

很显然，$x(y)$不能被 M 接受，因为它不是语言 T 的字符串。所以，至少存在一个 M 在 $x(y)$上的一个非接受序列。令 $comp(y)\triangleq M$ 是在 $x(y)$上的一个特定的非接受序列。进而，对于任意的 $y\in W(n)$，令 $\mathrm{cross}(y)\triangleq$依据 $comp(y)$，M 在穿过$\cancel{c}x(y)\$$ 的左半部分$\cancel{c}Ruler(n)cy$ 和$\cancel{c}x(y)\$$ 的右半部分 $ccy\$$ 之间的边界“B”时的穿越序列，也即 M 穿越“B”时，在$comp(y)$上获得的二元组序列（s，$counter$）（其中，s 是 M 的一个存储状态，$0\leqslant counter\leqslant k$表示 M 在穿越“B”时所携带的尚未使用墨水点的个数）。

对于任意的 $n\geqslant 1$，令 $C(n)=\{\mathrm{cross}(y)\mid y\in W(n)\}$。很显然，$C(n)$中元素的个数最多为所有可能的二元组（$s$，$counter$）的全排列，也即 $|C(n)|=O(u(n)!)$，其中，$u(n)=O(t^{L(r(n))})$表示当 M 使用至少 $L(r(n))$的存储带空间时，所有可能的存储状态的个数。对于任意的 $y=w_1cw_2c\cdots cw_{2^{2^n}}\in W(n)$，令

$$b(y)=\{u\in D(n)\mid \exists j(1\leqslant j\leqslant 2^{2^n})[w_j=u]\},\quad(5\text{-}21)$$

进而，对于任意的 $n\geqslant 1$，令 $R(n)=\{b(y)\mid y\in W(n)\}$。从而，我们得到

$$|R(n)|=\binom{2^{2^n}}{1}+\binom{2^{2^n}}{2}+\cdots+\binom{2^{2^n}}{2^{2^n}}=2^{2^{2^n}}-1。\quad(5\text{-}22)$$

因为我们已经假定 $L(n)=o(\log n)$，根据 $r(n)=O(n\cdot 2^n\cdot 2^{2^n})$的事实，我们可以得到，对于足够大的 n，$|R(n)|>|C(n)|$。对于这样一个足够大的 n，一定存在两个不同的属于 $W(n)$的字符串 y 和 y'，满足下列两个条件：

条件 1：$b(y)\neq b(y')$（也即 $b(y)-b(y')\neq\varnothing$）；

条件 2：$\mathrm{cross}(y)=\mathrm{cross}(y')$。

不失一般性，我们假定存在一个 $u\in D(n)$，使得 $u\in b(y')-b(y)$。令 $z_1=x(y)=Ruler(n)cy_1ccy_2$，其中 $y_1=y_2=y$；令 $z_2=x(y')=Ruler(n)cy_3ccy_4$，

其中$y_3=y_4=y'$。考虑字符串$z=Ruler(n)cyccy'$，因为$cross(y)=cross(y')$，我们可以结合$comp(y)$中边界右边的所有快相和$comp(y')$中边界左边的所有快相，从而得到M在z上的一个新的非接受序列。所以，z也将被M拒绝。这样，我们就得到一个矛盾，这是因为y'中存在一个片段u不与y中的任何片段相同，从而z是T的一个字符串。引理5.3证毕。

定理5.6 语言族m-2UPDA$^k(L(n))$在下列运算下不封闭：①与正则语言的连接；②保持长度的同态；③星号。

证明①：令

$$T_1=\{Ruler(n)cw_1cw_2c\cdots cw_rccu_1cu_2c\cdots cu_{r'}\in\{0,1,a,b,c,\#\}^+\mid n\geqslant 1\&(r,r'\geqslant 1)\&\forall k(1\leqslant k\leqslant r)[w_k\in D(n)]\&\forall l(1\leqslant l\leqslant r')[u_l\in D(n)]\&\forall j(1\leqslant j\leqslant r)[u_{r'}\neq w_j]\},\tag{5-23}$$

并且

$$T_2=\{Ruler(n)cw_1cw_2c\cdots cw_rccu_1cu_2c\cdots cu_r{}'\in\{0,1,a,b,c,\#\}^+\mid n\geqslant 1\&(r,r'\geqslant 1)\&\forall k(1\leqslant k\leqslant r)[w_k\in D(n)]\&\forall l(1\leqslant l\leqslant r')[u_l\in D(n)]\}。\tag{5-24}$$

同时，令A_2是在定理3.2中定义的语言。那么，我们很容易证明，$T_1\in$ $strong$-2UPDA^1（loglog n），$T_2\in$ $strong$-2DPDA^1（loglog n），以及$T_1A_2\cap T_2=T$。从以上事实和引理5.3，语言族m-2UPDA$^k(L(n))$在与正则语言的连接运算下不封闭得证。

证明②：令

$$T_3=\{Ruler(n)cw_1cw_2c\cdots cw_rcc_1u_1c_2u_2c_3\cdots c_{r'}u_{r'}\in\{0,1,a,b,c,\#\}^+\mid n\geqslant 1\&(r,r'\geqslant 1)\&\forall k(1\leqslant k\leqslant r)[w_k\in D(n)]\&\forall l(1\leqslant l\leqslant r')[u_l\in D(n)]\&\exists i(1\leqslant i\leqslant r')[c_i=d\&\forall j(1\leqslant j\leqslant r)[u_i\neq w_j]\&\forall p(1\leqslant p\leqslant r',p\neq i)[c_p=c]]\},\tag{5-25}$$

令g为在定理5.3证明②中定义的同态函数。我们很容易得到$T_3\in$ $strong$-2UPDA^1(loglog n)。进而我们有$g(T_3)=T$，从这个事实和引理5.3，语言族m-2UPDA$^k(L(n))$在保持长度的同态运算下不封闭得证。

证明③：很显然，$T_1\cup A_2$在语言族$strong$-2UPDA^1(loglog n)中，同时，我们很容易得到$(T_2\cup A_2)^*\cap T_2=T$。从这些事实和引理5.3，语言族$m$-2UPDA$^k(L(n))$在星号运算下不封闭得证。

5.3　本章小结

在本章中，我们研究了仅有存在状态(全称状态)的亚对数空间限定的多墨水点交替式下推自动机所识别语言族的闭包属性。我们证明了对于任意的整数 $k\geqslant 1$，有：

① 语言族 m-2NPDA$^k(L(n))$在交运算下不封闭；

② 语言族 m-2UPDA$^k(L(n))$在并运算下不封闭；

③ 语言族 m-2NPDA$^k(L(n))$和语言族 m-2UPDA$^k(L(n))$在补运算、与正则语言的连接运算、保持长度的同态运算及星号运算下均不封闭。

但是遗憾的是，对于任意的整数 $k\geqslant 1$，语言族 m-2APDA$^k(L(n))$在上述运算下的封闭性却仍然未知，而关于没有墨水点的全交替模型，我们将在下一章证明 m-2APDA$(L(n))$在连接、星号及保持长度的同态等运算下是不封闭的。同时，对于一般的没有墨水点的 2APDA 模型，m-2UPDA$(L(n))$和 m-2NPDA$(L(n))$是否在补运算下封闭仍然未能得到证明。有意思的是，我们在本章证明了与其对应的多墨水点模型在补运算下却是不封闭的。

我们把本章的结果总结在表 5-1 中。令 $L(n)$是一个满足函数 $\log\log n\leqslant L(n)=o(\log n)$的函数，对于每个 $m\in\{strong, weak\}$，每个$X\in\{$A，U，N，D$\}$和每个$k\geqslant 1$。

表 5-1　$L(n)$ 空间限定的多墨水点 2APDA 的闭包属性

	D	N	U	A
补	?	–	–	?
交	+	–	+	+
并	?	+	–	+
连接	?	–	–	–
星号	?	–	–	–
同态	?	–	–	–

注：“+”（“–”）表示语言族在相应的计算下封闭(不封闭)，“?”表示相应的闭包属性还未得到证明。

第 6 章

交替式下推自动机语言运算的封闭性

本章研究 2 方向全交替下推自动机（2APDA）的闭包属性，我们证明了亚对数空间限定的 2APDA 所识别的语言族在连接、星号和保持长度的同态等运算下是不封闭的。本章的结果解决了文献[65]中所列出的相关未解决问题。

6.1 格局相关的有穷控制器的状态

图灵机 M 在输入 x 上的一个格局记为 $c=(i,\ (q,\ \alpha,\ j))$，表示 M 在输入 x 上的计算过程中某一步的整体状况，其中，i 表示 M 的输入头指向第 i 个输入带单元格，q 表示 M 的有穷控制器当前所处的状态，α 表示当前工作带的内容，而 j 表示 M 的读写头指向工作带的第 j 个单元格。我们把图灵机 M 在输入 x 上的初始格局记为 $I_M=(0,\ (q_0,\ \lambda,\ 1))$，表示 M 的输入头放在左边界符号 $\cancel{c}$ 上，q_0 是 M 的初始状态，读写头在工作带最左边的单元格上，工作带的内容为空字符串(用 λ 表示)；如果与该格局相关的有穷控制器的状态是全称状态或存在状态，一个格局称为“全称的”或“存在的”；如果与该格局相关的有穷控制器的状态是接受状态或拒绝状态，一个格局称为“接受的”或“拒绝的”。

给定一个 2 方向交替式图灵机 M，如果 M 在输入 x 上的某个格局 c' 可以从另一个格局 c 经过一步计算得到，则记为 $c\vdash c'$。令 C_M 是 M 的所有可能格局的集合。对于任意的 $c \in C_M$，令 $Succ_{M,x}(c) = \{c' \in C_M \mid c \vdash c'\}$。如果 $Succ_{M,x}(c) = \varnothing$，那么称 c 为 M 在输入 x 上的一个停机格局。

我们首先介绍伊藤等提出并使用的有效概念，在文献[35]中称为“拒绝计算树”。令 l 是一个非负的整数。M 在输入 x 上的一棵 l 空间限定拒绝计算树是一棵非空的具有下列属性的标记树(可能非空)：

① 该树的每个内部节点 v(非空节点)由 M 的一个格局 $label(v)$ 标记，格局 $label(v)$ 最多使用 l 个存储带单元。

② 树的根节点由初始格局 I_M 标记。

③ 若 v 是一个内部节点，并且 $label(v)$ 是一个全称格局，则 v 具有一个唯一的叶子节点 u，使得 $label(u) \in Succ_{M,x}(label(v))$。

④ 若 v 是一个内部节点，并且 $label(v)$ 是一个存在格局，且有 $Succ_{M,x}(label(v)) = \{c_1, c_2, \cdots, c_k\}$，那么，$v$ 具有 k 个叶子节点 $(v_1, v_2, \cdots, v_k)$，使得 $label(v_i) = c_i (1 \leqslant i \leqslant k)$。

⑤ 每一个叶子节点要么是一个非接受的停机格局，要么是一个使用了超过 l 个存储带单元的格局。

M 在输入 x 上的 l 空间限定拒绝计算树的一个规约图[简记为 $RG(l)$]是 1 个有限的标记有向图 $G = (V', E, label \mid v')$。它由 M 在输入 x 上的一棵 l 空间限定拒绝计算树 $T = (V, E, label)$ 通过以下步骤得到：把 V 中的两个标记相同的节点 v 和 v'[$v \neq v'$ 且 $label(v) = label(v')$]合并为一个节点。从而有 $V' \subseteq V$，并且保证标记函数 $label \mid v'$: $V' \to C_M$ 是一对一的。

对任意的有向图 G，令 $V(G)$ 和 $E(G)$ 分别表示 G 的节点集合与边集合。对任意的节点 $v \in V(G)$，令 $\delta_G^-(v) = \{v' \in V(G) \mid (v', v) \in E(G)\}$。很显然，对于某个 l 空间限定拒绝计算树的一个规约图 G，至少存在一个节点 v 是由初始格局 I_M 标记的，且满足 $\delta_G^-(v) = 0$。另外，对任意的节点 $v \in V(G)$，令 $\delta_G^+(v) = \{v' \in V(G) \mid (v, v') \in E(G)\}$。如果对每一个由全称格局标记的节点均满足 $|\delta_G^+(v)| = 1$，一个 $RG(1)\,G$ 称为正则的。

6.2　连接、星号和保持长度的同态等的运算封闭性

本节证明了，对于任意的函数 $\log\log n \leqslant L(n) = o(\log n)$，语言族 *weak*-2APDA$(L(n))$ 和 *strong*-2APDA$(L(n))$ 在连接、星号及保持长度的同态等运

算下是不封闭的。这个结果解决了文献[65]中的一个未解决问题。

为了得到上述结果，我们首先考察一下事实。

事实 6.1 令 M 是一个 2ATM，x 是一个字符串，l 是一个非负的整数。下面的命题是等价的：

① 不存在 M 在输入 x 上的一个 l 空间限定接受计算树；

② 存在 M 在输入 x 上的一个 $RG(l)$。

引理 6.1 令

$$L_1=\{Ruler(n)cw_1cw_2c\cdots cw_kccw'_1cw'_2c\cdots cw'_r\in\{0,1,a,b,c,\#\}^+\mid n\geqslant 1\&r\geqslant 1\&k\geqslant 1\&\forall i(1\leqslant i\leqslant k)[w_i\in D(n)]\&\forall j(1\leqslant j\leqslant r-1)[w'_j\in(\{a,b\}\{0,1\}^+)^+]\&w'_r\in D(n)\&\forall l(1\leqslant l\leqslant k)[h(w_l)\neq h(w'_r)]\},\qquad(6\text{-}1)$$

$$L_2=\{cy_1z_1y_2z_2\cdots y_kz_k\in\{0,1,a,b,c\}^+\mid k\geqslant 2\&\forall j(1\leqslant j\leqslant k)[y_j\in\{a,b\}\&z_j\in\{0,1\}^+]\}^*,\qquad(6\text{-}2)$$

$$L_3=L_1\cup L_2,\qquad(6\text{-}3)$$

$$L_4=\{Ruler(n)cw_1cw_2c\cdots cw_kccw'_1cw'_2c\cdots cw'_r\in\{0,1,a,b,c,\#\}^+\mid n\geqslant 1\&r\geqslant 1\&k\geqslant 1\&\forall i(1\leqslant i\leqslant k)[w_i\in(\{a,b\}\{0,1\}^+)^+]\&\forall j(1\leqslant j\leqslant r)[w'_j\in(\{a,b\}\{0,1\}^+)^+]\},\qquad(6\text{-}4)$$

$$L_5=\{Ruler(n)cw_1cw_2c\cdots cw_kccw'_1cw'_2c\cdots cw'_r\in\{0,1,a,b,c,d,\#\}^+\mid n\geqslant 1\&r\geqslant 1\&k\geqslant 1\&\forall i(1\leqslant i\leqslant k)[w_i\in D(n)]\&\exists j(1\leqslant j\leqslant r)[c_j=d\&w'_j\in D(n)\&\forall l(1\leqslant l\leqslant r,l\neq j)[c_l=c\&w'_l\in(\{a,b\}\{0,1\}^+)^+]\&\forall i(1\leqslant i\leqslant k)[h(w_i)\neq h(w'_j)]]\}。\qquad(6\text{-}5)$$

那么，有以下断言：

① $L_1\in strong\text{-}2APDA(\log\log n)$；

② $L_3\in strong\text{-}2APDA(\log\log n)$；

③ $L_4\in strong\text{-}2APDA(\log\log n)$；

④ $L_5\in strong\text{-}2APDA(\log\log n)$；

⑤ $L_1L_2\notin weak\text{-}2ATM(o(\log n))$。

证明①～④：通过使用与文献[65]中类似的算法，我们很容易证明断言①～④，具体证明在此省略。

证明⑤：使用反证法。假设相反地，存在一个弱 $L(n)$ 空间限定2ATM M

接受 L_1L_2。

对于任意的 $m\geqslant 1$，令

$$W(n)=\{Ruler(n)cw_1cw_2c\cdots cw_{2^{2^n}}ccw_1cw_2c\cdots cw_{2^{2^n}} \mid \forall i(1\leqslant i\leqslant 2^{2^n})[w_i\in D\ (n)]\},\tag{6-6}$$

我们很容易看到，每个属于 $W(n)$ 的 x 却不属于 L_1L_2。从而，从事实 6.1 可以得到对于任意的 $x\in W(n)$，对于 M 在输入 x 上的一棵 $L(r(n))$ 空间限定的拒绝接受树，我们可以得到一个特定的正则规约图。其中，$r(n)$ 是 $W(n)$ 中字符串的长度，因而 $r(n)=O(n\cdot 2^n\cdot 2^{2^n})$。我们把这个特定的正则规约图记为 $G(x)$。

对于 $W(n)$ 中的每个字符串，有

$$x=\{Ruler(n)cw_1cw_2c\cdots cw_{2^{2^n}}ccw_1cw_2c\cdots cw_{2^{2^n}},\tag{6-7}$$

我们称 x 的左半部分（即 $Ruler(n)cw_1cw_2c\cdots cw_{2^{2^n}}$）为 x 的左段，称 x 的右半部分（即 $ccw_1cw_2c\cdots cw_{2^{2^n}}$）为 x 的右段。

对于任意的 $x\in W(n)$，我们把 $G(x)$ 的节点集合 $V(G(x))$ 按如下方式划分：

$$V(G(x))=V_{\text{left}}(G(x))\cup V_{\text{right}}(G(x))\text{。}\tag{6-8}$$

式中：$V_{\text{left}}(G(x))$ 表示了 $G(x)$ 中符合下述条件节点的集合：这些节点要么被 M 的输入头在 x 左段中的格局标记，要么 M 的输入头在左边界符号 $\not c$ 上的格局标记。$V_{\text{right}}(G(x))$ 表示了 $G(x)$ 中符合下述条件节点的集合：这些节点要么被 M 的输入头在 x 右段中的格局标记，要么被 M 的输入头在右边界符号 \$ 上的格局标记。

接下来，我们从 $V_{\text{left}}(G(x))$ 中抽取那些由 M 的输入头从 x 的右段刚刚移动到 x 的左段时所进入的格局标记的节点，记为

$$V_{\text{left}}^{\leftarrow}(G(x))=\{v\in v_{\text{left}}(G(x))\mid (v',\ v)\in E(G(x))\&v'\in v_{\text{right}}(G(x))\},\tag{6-9}$$

从 $V_{\text{right}}(G(x))$ 中抽取那些由 M 的输入头从 x 的左段刚刚移动到 x 的右段时所进入的格局标记的节点，记为

$$V_{\text{right}}^{\rightarrow}(G(x))=\{v\in v_{\text{right}}(G(x))\mid (v',\ v)\in E(G(x))\&v'\in v_{\text{left}}(G(x))\}\text{。}\tag{6-10}$$

式中：$E(G(x))$ 表示 $G(x)$ 的边的集合。

进而，我们把 $E(G(x))$ 划分如下：

$$E(G(x))=E_{\text{left}}(G(x))\cup E_{\text{right}}(G(x))\cup E_{\leftarrow}(G(x))\cup E_{\rightarrow}(G(x))。\tag{6-11}$$

式中：

$$E_{\text{left}}(G(x))=\{(v,\ v')\in E(G(x))\mid v\in v_{\text{left}}(G(x))\&v'\in v_{\text{left}}(G(x))\},\tag{6-12}$$

$$E_{\text{right}}(G(x))=\{(v,\ v')\in E(G(x))\mid v\in v_{\text{right}}(G(x))\&v'\in v_{\text{right}}(G(x))\},\tag{6-13}$$

$$E_{\leftarrow}(G(x))=\{(v,\ v')\in E(G(x))\mid v\in v_{\text{right}}(G(x))\&v'\in V_{\text{left}}^{\leftarrow}(G(x))\},\tag{6-14}$$

$$E_{\rightarrow}(G(x))=\{(v,\ v')\in E(G(x))\mid v\in v_{\text{left}}(G(x))\&v'\in V_{\text{right}}^{\leftarrow}(G(x))\}。\tag{6-15}$$

我们令：

$$Cross\text{-}Pair(G(x))=<label(v_{\text{left}}^{\leftarrow}(G(x))),\quad label(v_{\text{right}}^{\rightarrow}(G(x)))>,\tag{6-16}$$

对于如下的任意字符串 x：

$$x=Ruler(n)cw_1cw_2c\cdots cw_{2^{2n}}ccw_1cw_2c\cdots cw_{2^{2n}}\in W(n),\tag{6-17}$$

令

$$\text{contents}(x)=\{w\in D(n)\mid h(w)=h(w_i)，对某个\ 1\leqslant i\leqslant 2^{2^n}。\tag{6-18}$$

对于任意的两个 $W(n)$ 中的字符串 x 和 y，我们称 x 和 y 是内容—等价的，如果有 $\text{contents}(x)=\text{contents}(y)$。我们可以根据内容—等价这一等价关系，把 $W(n)$ 分成等价类。可以算出，共有 $\text{contents}(n)=\binom{2^{2^n}}{1}+\binom{2^{2^n}}{2}+\cdots+\binom{2^{2^n}}{2^{2^n}}=2^{2^{2^n}}-1$ 个内容—等价类。

我们用 $CONTENTS(n)$ 表示从这 $\text{contents}(n)$ 个内容—等价类中任意选取的代表的集合。很显然有

$$|CONTENTS(n)|=\text{contents}(n)=2^{2^{2^n}}-1。\tag{6-19}$$

命题 6.1 对任意两个不同的元素 $(x,\ y)\in CONTENTS(n)$，有

$$Cross\text{-}Pair(G(x))\neq Cross\text{-}Pair(G(y))。\tag{6-20}$$

证明：假设相反地，$Cross\text{-}Pair(G(x))=Cross\text{-}Pair(G(y))$。那么，从 $G(x)$ 和 $G(y)$，我们可以构建以下的图 $G(x)ØG(y)$：

$$V(G(x)\text{Ø}G(y)) = V_{\text{left}}(G(x)) \cup v_{\text{right}}(G(y)), \tag{6-21}$$

$$E(G(x)\text{Ø}G(y)) = E_{\text{left}}(G(x)) \cup E_{\text{right}}(G(y)) \cup E_{\leftarrow} \cup E_{\rightarrow}。 \tag{6-22}$$

式中：

$$E_{\leftarrow} = \{(u, v') \in v_{\text{right}}(G(y)) \times v_{\text{left}}^{\leftarrow}(G(x)) \mid (u, u') \in E_{\leftarrow}(G(y)) \& (v, v') \in E_{\leftarrow}(G(x)) \& \ label(u') = label(v')\}, \tag{6-23}$$

并且

$$E_{\rightarrow} = \{(v, u') \in v_{\text{left}}G(x)) \times v_{\text{right}}^{\rightarrow}(G(y)) \mid (v, v') \in E_{\rightarrow}(G(x)) \& (u, u') \in E_{\rightarrow}(G(y)) \& \ label(u') = label(v')\}, \tag{6-24}$$

更形象地说，$G(x)\text{Ø}G(y)$ 是通过连接 $G(x)$ 中与 x 左段相关的部分及 $G(x)$ 中与 x 右段相关的部分而形成的(图 6-1)。

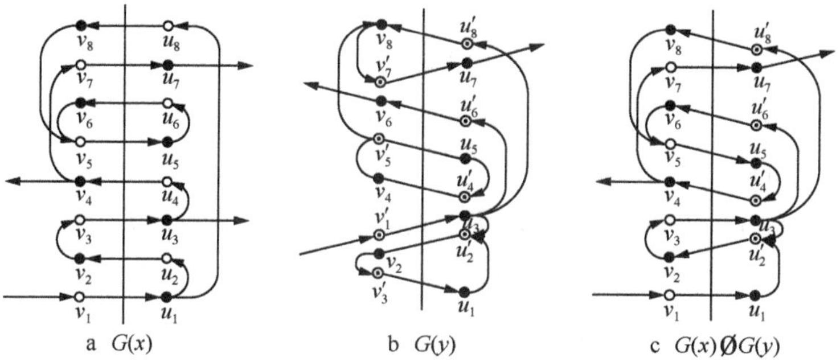

图 6-1　图 $G(x)$ 和图 $G(y)$ 的连接

根据我们的假设 $Cross\text{-}Pair(G(x)) = Cross\text{-}Pair(G(y))$，很容易得到下面的事实。

事实 6.2

① 对于任意的 $v \in v_{\text{left}}(G(x))$，$label(\delta^{+}_{G(x)\text{Ø}G(y)}(v)) = label(\delta^{+}_{G(x)}(v))$；

② 对于任意的 $v \in v_{\text{right}}(G(y))$，$label(\delta^{+}_{G(x)\text{Ø}G(y)}(v)) = label(\delta^{+}_{G(y)}(v))$。

不失一般性，我们假定

$$\text{contents}(y) - \text{contents}(x) \neq \emptyset。 \tag{6-25}$$

现在，让我们考虑满足下列条件的字符串 z_1z_2：

① z_1和 x 的左段相等；

② z_2和 y 的右段相等。

令 v_0是 $G(x)$ 中由 I_M标记的节点(注意到 v_0在 $V(G(x)\text{Ø}G(y))$ 中)。我们考虑下面的深度优先搜索算法，该算法从 v_0开始，对 $V(G(x)\text{Ø}G(y))$ 中的所

有节点进行扫描。

① $v:=v_0$。

② 对于满足 $\delta^+(v)=\{v_1, v_2, \cdots, v_k\}$ 的每个 $v_i \in V(G(x)ØG(y))$：

a. 如果 v_i还没有被搜索到，那么置 $v:=v_i$，并且重复②。

b. 如果每个在 $\delta^+(v)$ 中的 v_i都已经被搜索过了，那么重新回到 v。

根据事实 6.2，我们很容易看到：上述深度优先算法中变量 v 的取值序列构成了 M 在 z_1z_2上的 $L(r(n))$ 空间限定的拒绝计算树的一个正则规约图。这与 z_1z_2是语言 L_1L_2的字符串这一事实矛盾。命题 6.1 得证。

对于任意的整数 $n\geq 2$，有

$$C(n)=\{Cross\text{-}Pair(G(x)) \mid x \in CONTENTS(n)\}, \tag{6-26}$$

因此，有

$$|c(n)| \leq 2^{2\cdot e[n]}。 \tag{6-27}$$

式中：$e[n]=sl(r(n))t^{L(r(n))}$，s 和 t 分别是 M 的有穷控制器状态的个数和工作带符号的个数。

因为 $L(n)=o(\log n)$，我们可以得到，对于足够大的 n，有

$$\text{contents}(n) > C(n) \tag{6-28}$$

所以，对于这样一个足够大的 n，一定存在两个不同的字符串 x 和 y 属于 $CONTENTS(n)$，使得 $Cross\text{-}Pair(G(x)) = Cross\text{-}Pair(G(y))$，这和命题 6.1 矛盾。从而得证引理 6.1 的断言⑤成立。

通过使用引理 6.1，我们可以得到下列定理：

定理 6.1 对任意的函数 $L(n)$，$\log\log n \leq L(n)=o(\log n)$，语言族 *weak*-2APDA($L(n)$)和语言族 *strong*-2APDA($L(n)$)在连接、星号及保持长度的同态等运算下均不封闭。

证明：令 L_i，其中 $i\in\{1, 2, 3, 4, 5\}$，是在引理 6.1 中定义的语言。我们分别证明在连接、星号及保持长度的同态等运算下的不封闭属性。

连接运算：通过引理 6.1 的断言①和断言⑤，以及 $L_2 \in$ *strong*-2APDA($\log\log n$)这一明显的事实，*strong*-2APDA($L(n)$)和 *weak*-2APDA($L(n)$)在连接运算下的不封闭性得证。

星号运算：因为$(L_3)^* \cap L_4=L_1L_2$，根据引理 6.1 的断言⑤，$(L_3)^* \cap L_4 \notin$ *weak*-2APDA($o(\log n)$)。根据这个事实及引理 6.1 的断言②和断言③，同时根据 *strong*-2APDA($L(n)$)和 *weak*-2APDA($L(n)$)在交运算下封闭的属

性，*strong*-2APDA($L(n)$)和 *weak*-2APDA($L(n)$)在星号运算下的不封闭性得证。

保持长度的同态运算：根据引理 6.1 的断言④和断言⑤，以及 $g(L_5)=L_1L_2$的事实，其中，g：$\{0, 1, a, b, \#, c, d\}\to\{0, 1, a, b, \#, c\}$是一个保持长度的同态，使得 $g(0)=0$，$g(1)=1$，$g(a)=a$，$g(b)=b$，$g(\#)=\#$ 及 $g(c)=g(d)=c$，*strong*-2APDA($L(n)$)和 *weak*-2APDA($L(n)$)在保持长度的同态运算下的不封闭性得证。

6.3　2 方向交替式下推自动机闭包属性的结果

总结本章关于 2 方向交替式下推自动机闭包属性的结果，并和其他相关已知结果一起，放在表 6-1 中。令 $L(n)$是一个满足函数 $\log\log n\leqslant L(n)=o(\log n)$的函数，对于每个 $m\in\{strong, weak\}$，每个 $X\in\{\mathrm{A, U, N, D}\}$，结果如表 6-1 所示。

表 6-1　$L(n)$空间限定的 2APDA 的闭包属性

	D	N	U	A
补	?	?	?	?
交	+	+	+	+
并	?	+	?	+
连接	-	-	-	-
星号	-	-	-	-
同态	-	-	-	-

注："+"（"-"）表示语言族在相应的计算下封闭（不封闭），"?"表示相应的闭包属性还未得到证明。

第 7 章

自验证的 1 墨水点非确定性下推自动机

在本章中，我们提出自验证的 1 墨水点非确定性下推自动机的概念，并研究其与 1 墨水点非确定性下推自动机在语言接受能力上的差别。

7.1 自验证的 1 墨水点非确定性下推自动机的概念

自验证的非确定 2 方向下推自动机(Self-Verifying Nondeterministic Two-Way Pushdown Automaton，2SVNPDA) M 具有 4 种类型的状态：工作状态(Working)，接受状态（Accepting)、拒绝状态（Rejecting）和中立状态 [Neutral，或者“我不知道”（“I don't know”)]。当 M 进入拒绝状态、接受状态或中立状态时，M 不再有任何可能的动作，也即 M 将停止工作。M 不被允许犯任何错误。如果 M 在输入 w 上的一个计算路径结束于某个接受快相(或拒绝快相)，那么，w 必须(或必须不)在 $L(M)$ 中，对于每个输入 w，至少存在一条 M 在输入 w 上的计算路径，这条计算路径要么结束于某个接受状态(如果 $w \in L(M)$)，要么结束于某个拒绝状态(如果 $w \notin L(M)$)。关于自验证的自动机的形式化定义，请参照第 2 章。

1 墨水点非确定性下推自动机是一个具有 1 个墨水点的 2SVNPDA。它可以用它所拥有的 1 个墨水点标志出输入带上的一个单元格。对每个 $X \in \{N, SVN, D\}$ 及任意的函数 $L(n)$，我们用 *strong*-2XPDA($L(n)$) [或 *weak*-2XPDA

$(L(n))$]表示被强(或弱)$L(n)$空间限定的 2XPDA 所识别的语言的集合，用 *strong*-2XPDA*$(L(n))$ [或 *weak*-2XPDA*$(L(n))$]表示被强(或弱)$L(n)$空间限定的 1 墨水点 2XPDA 们所接受的语言的集合。

有关确定性、非确定性和自验证非确定性图灵机的定义与相关的下推自动机的定义类似，它们的形式化定义请参照文献[73-74]。

对每个 $X \in \{N, SVN, D\}$ 及任意的函数 $L(n)$，我们用 *strong*-2XTM $(L(n))$ [或 *weak*-2XTM$(L(n)$]表示被强(或弱)$L(n)$空间限定的 2XTM 所识别的语言的集合，用 *strong*-2XTM*$(L(n))$[或 *weak*-2XTM*$(L(n))$]表示被强(或弱)$L(n)$空间限定的 1 墨水点 2XTM 所识别的语言的集合。

7.2　有无墨水点的非确定性下推自动机之间的关系

Inoue 等证明了

$$strong\text{-}2NTM^*(\log\log n)-weak\text{-}2NTM(o(\log n))\neq\varnothing, \quad (7-1)$$

从这个结果，很显然有

$$strong\text{-}2NTM^*(\log\log n)-weak\text{-}2SVNTM(o(\log n))\neq\varnothing, \quad (7-2)$$

Yoshinaga 等改进了这个结果，并证明了

$$strong\text{-}2NTM^*(\log\log n)-weak\text{-}2SVNTM^*(o(\log n))\neq\varnothing。 \quad (7-3)$$

徐建良教授等证明了

$$strong\text{-}2NPDA^*(\log\log n)-weak\text{-}2NPDA(o(\log n))\neq\varnothing, \quad (7-4)$$

从这个结果，很显然有

$$strong\text{-}2NPDA^*(\log\log n)-weak\text{-}2SVNPDA(o(\log n))\neq\varnothing, \quad (7-5)$$

我们进一步改进这个结果，并给出下面的定理。

定理 7.1　*strong*-2NPDA*$(\log\log n)-$*weak*-2SVNTM*$(o(\log n))\neq\varnothing$。

证明：令

$$A=\{Ruler(n)\#cw_{11}cw_{12}c\cdots cw_{1r_1}ccu_1cw_{21}cw_{22}c\cdots cw_{2r_2}ccu_2\in\{0,1,a,b,c,\#\}^+ \mid n\geqslant1\&(r_1,r_2\geqslant1)\&$$
$$\forall i(1\leqslant i\leqslant2)[u_i\in D(n)\&\forall j(1\leqslant j\leqslant r_i)[w_{ij}\in D(n)]]\&$$
$$\exists i(1\leqslant i\leqslant2)[\exists j(1\leqslant j\leqslant r_i)[w_{ij}=u_i]]\}, \quad (7-6)$$

那么，我们只需证明以下两点：

① $A\in$ *strong*-2NPDA*$(\log\log n)$;

② $A \notin weak\text{-}2SVNPDA^*(o(\log n))$。

证明①：语言 A 可以被按照以下算法运行的强 loglog n 空间限定的 1 墨水点 2NPDA M 所识别。不失一般性，对于任意的整数 $n \geq 1$，我们假定 M 的输入具有以下形式：

$$Ruler(n)cw_{11}cw_{12}c\cdots cw_{1\ r_1}ccu_1cw_{21}cw_{22}c\cdots cw_{2\ r_2}ccu_2 。 \tag{7-7}$$

式中：r_1，$r_2 \geq 1$，每个 w_{ij}和 u_i都是$\{\{a, b\}\{0, 1\}^+\}^+$的元素。

这是因为我们在第 3 章的引理中证明了语言$\{Ruler(n) \mid n \geq 1\}$可以被一个强 loglog n 空间限定的确定性下推自动机识别，因而所有不具有以上形式的输入都会非常容易地被 M 拒绝。

在识别出 $Ruler(n)$后，通过使用存储在下推栈中的 n 个栈符号 Z^n，M 使用确定性的方法验证是否有 $w_{ij} \in D(n)$和 $u_i \in D(n)$，具体做法同引理 3.1 的方法，这里不再赘述。如果 M 成功完成了上述的验证，它就非确定性地猜出一对整数 i 和 $j(1 \leq i \leq 2, 1 \leq j \leq r_i)$，移动其输入头至位于 w_{ij}之前的字符"c"，并用其墨水点标记在这个单元格上。M 接着验证是否对每一个 $1 \leq k \leq 2^n$，都有 $w_{ij}(k) = u_i(k)$，其中，$w_{ij}(k)(u_i(k))$代表 $w_{ij}(u_i)$的从左边数的第 k 个符号，这个符号是集合$\{a, b\}$的元素。为了完成这个验证，M 把 $w_{ij}(k) \in \{a, b\}$存储在它的有穷控制器里，把位于 $w_{ij}(k)$之后表示其地址的字符串 $B(n, k)$存储在下推栈中，然后利用其下推栈作为存储，可找到字符 $u_i(k)$，这个字符后面的地址字符串与下推栈中的地址 $B(n, k)$相等。如果 M 发现 $u_i(k) = w_{ij}(k)$，它就继续把 $u_i(k+1) \in \{a, b\}$存入有穷控制器中，把位于 $u_i(k+1)$之后表示其地址的字符串 $B(n, k+1)$存储在下推栈中，M 随后把输入头向左移动，根据墨水点的位置找到 w_{ij}。找到 w_{ij}后，M 就可以通过匹配地址字符串找到 $w_{ij}(k+1)$，并且检查是否有 $w_{ij}(k+1) = u_i(k+1)$。M 进入一个接受状态，仅当它通过来回移动输入头发现对于每一个 $1 \leq k \leq 2^n$都有 $w_{ij}(k) = u_i(k)$。很显然，M 是强 loglog n 空间限定的。

证明②：采用反证法，假设相反地，存在一个弱 $L(n)$ 空间限定的 $2SVNTM^*$ M 识别语言 A，其中 $L(n) = o(\log n)$。不失一般性，我们假定 M 只在输入带的右边界符号 \$ 处进入接受状态。对于任意的整数 $n \geq 1$，令

$$V(n) = \{Ruler(n)\#cy_1ccu_1cy_2ccu_2 \mid y_1, y_2 \in W(n) \& u_1, u_2 \in D(n)\}。 \tag{7-8}$$

式中：

$$W(n)=\{w_1cw_2c\cdots cw_{2^{2^n}} \mid \forall i(1\leqslant i\leqslant 2^{2^n})[w_i\in D(n)]\}。\quad(7-9)$$

我们考虑 M 在 $V(n)$ 中的字符串上的计算路径。令 $r(n)$ 是 $V(n)$ 中字符串的长度。那么，有 $r(n)=O(n\cdot 2^n\cdot 2^{2^n})$。令 $C(n)$ 表示当 M 最多使用 $L(r(n))$ 存储带单元的时候，所有可能的存储状态的集合，令 $u(n)$ 表示 $C(n)$ 中元素的个数。那么，有 $u(n)O(t^{L(r((n)))})$，这里 t 是一个与有穷控制器状态的个数、工作带的带符号个数相关的常数。令 x 和 y 是 $W(n)$ 中的两个字符串。我们称 x 和 y 是 M–等价的，如果对于每对存储状态 $q,q'\in C(n)$ 和每个 $d,d'\in\{right, left\}$，则：

① 存在一条 $L(r(n))$ 空间限定的计算路径，在这条计算路径中，M 在状态 q 带着 1 个墨水点(或不带墨水点)从 d 边进入 x，最后在状态 q' 从 d' 边离开 x，并且在此期间没有使用任何墨水点。

等价于：存在一条 $L(r(n))$ 空间限定的计算路径，在这条计算路径中，M 在状态 q 带着 1 个墨水点(或不带墨水点)从 d 边进入 y，最后在状态 q' 从 d' 边离开 y，并且在此期间没有使用任何墨水点。

② 存在一条计算路径，在这条计算路径中，M 在状态 q 带着 1 个墨水点(或不带墨水点)从 d 边进入 x，最后在状态 q' 从 d' 边离开 x，并且在此期间没有使用任何墨水点，但是使用了超过 $L(r(n))$ 的存储带单元。

等价于：存在一条计算路径，在这条计算路径中，M 在状态 q 带着 1 个墨水点(或不带墨水点)从 d 边进入 y，最后在状态 q' 从 d' 边离开 y，并且在此期间没有使用任何墨水点，但是使用了超过 $L(r(n))$ 的存储带单元。

③ 存在一条计算路径，在这条计算路径中，M 在状态 q 不带墨水点从 d 边进入 x，并且不再从 x 中出来。

等价于：存在一条计算路径，在这条计算路径中，M 在状态 q 不带墨水点从 d 边进入 x，并且不再从 x 中出来。很显然，至少存在 $e(n)=O(s^{u(n)\times u(n)})$ 个 M–等价的字符串的集合，这些集合是 $W(n)$ 的互不相交的子集，这里 s 是一个常数。对于任意的 $y=w_1cw_2c\cdots cw_{2^{2^n}}\in W(n)$，令

$$\text{contents}(y)=\{u\in D(n)\mid \exists j(1\leqslant j\leqslant 2^{2^n})[w_j=u]\},\quad(7-10)$$

进而，对于每个整数 $n\geqslant 1$，令

$$R(n)=\{\text{contents}(y)\mid y\in W(n)\},\quad(7-11)$$

那么有 $|R(n)|=2^{2^{2^n}}-1$，从 $L(n)=o(\log n)$ 的假设和 $r(n)=O(n\cdot 2^n\cdot 2^{2^n})$

的事实，我们能够得到，对于足够大的 n，有 $|R(n)|>e(n)$。

对于这个足够大的 n，一定存在两个不同的 M–等价的 $W(n)$ 中的字符串 y 和 y'，使得 $\text{contents}(y)\neq\text{contents}(y')$。不失一般性，我们假定存在某个 $u\in D(n)$，使得 $u\in\text{contents}(y')-\text{contents}(y)$。令 $z=Ruler(n)\#cy_1ccucy_2ccu$，其中 $y_1=y_2=y$。很显然，z 在 $V(n)$-A 中，从而不会被 M 识别。即是说，至少存在一条 M 在 z 上的计算路径，在这条计算路径中，M 不会进入接受状态，或者只有在使用了超过 $L(r(n))$ 个工作带单元后才会进入接受状态。我们固定其中一条这样的 M 在 z 上的计算路径，并把它记为 $comp(z)$。因为在 $comp(z)$ 中 M 最多使用了 1 个墨水点，所以一定存在某个字符串 $y_i(i\in\{1, 2\})$，使得在路径 $comp(z)$ 中，M 从未在 y_i 上使用过墨水点。令 z' 是通过用 y' 代替 z 中的 $y_i(=y)$ 而得到的字符串。这样，我们从路径 $comp(z)$ 就可以构建一条 M 在 z' 上的计算路径，在这条计算路径中，M 绝不会进入任何接受状态，或者只有在使用了超过 $L(r(n))$ 个工作带单元后才会进入接受状态。根据以上推理，z' 就被 M 拒绝。这是一个矛盾，因为 z' 在语言 A 中。

定理 7.1 证毕。

根据以上定理，我们得到下面的推论。

推论 7.1 对于任意的 $m\in\{strong, weak\}$ 和任意的函数 $L(n)$ 使得 $\log\log n\leq L(n)=o(\log n)$，有

$$m\text{-2SVNPDA}^*(L(n))\ \ m\text{-2NPDA}^*(L(n))。\tag{7-12}$$

7.3 本章小结

在本章中，我们研究了在亚对数空间下，自验证的 1 墨水点非确定性下推自动机和一般的不具有墨水点的非确定性下推自动机之间的关系。令 $L(n)$ 是一个函数，使得 $\log\log n\leq L(n)=o(\log n)$，对于任意的 $m\in\{weak, strong\}$，文献[45]证明了 $m\text{-2DTM}^*(L(n))=m\text{-2DTM}(L(n))$。

但是，下面的一些问题仍然是未解决的：

① $m\text{-2DPDA}^*(L(n))=m\text{-2DPDA}(L(n))$？

② $m\text{-2SVNPDA}^*(L(n))=m\text{-2SVNPDA}(L(n))$？

③ $strong\text{-2SVNPDA}^*(\log\log n)-weak\text{-2SVNPDA}(o(\log n))\neq\emptyset$？

④ $strong\text{-2NPDA}(\log\log n)-weak\text{-2SVNPDA}^*(o(\log n))\neq\emptyset$？

第 8 章

亚对数空间限定的多墨水点交替式下推自动机的闭包属性

8.1 具有 k 个墨水点的图灵机

为了严格区分确定性和非确定性的复杂性类，Ranjan、Chang 和 Hartmanis 提出了一个稍加修改的图灵机模型，称为 1 墨水点图灵机。1 墨水点图灵机是一个具有额外能力的 2 方向图灵机。它能够用该墨水点标志出输入带上的一个单元格，而不会损坏单元格的内容，但是使用过的墨水点不能回收再利用。这种机器的动作是由当前状态、当前读到的输入带和工作带上的符号，以及当前读到的单元格上有无墨水点等因素决定的。对于 1 墨水点图灵机，文献[1]中证明了非确定性的和确定性的对数以下空间复杂性类是不相等的。此后，文献[2-3]证明了有关对数以下空间限定 1 墨水点 2 方向非确定性图灵机的一些性质。Inoue 和 Yoshinaga 提出了多墨水点（multi-inkdot）图灵机，它是对 1 墨水点图灵机的自然扩展。

一个 k 个墨水点图灵机（$k \geqslant 1$）是一个具有 k 个墨水点的图灵机，从而能够标记输入带上的最多 k 个单元格，一次只能标记 1 个。文献[4]证明了对于非确定性的亚对数空间限定复杂性语言族，具有 $k+1$ 个墨水点的图灵机，其计算能力优于只有 k 个墨水点的图灵机。

Chandra、Kozen 和 Stockmeyer 引入了交替性作为并行计算的一个理论模型。一个交替式图灵机是对非确定性图灵机的一个广义性扩展，它的状态集被分为万能状态和存在状态。一个非确定性图灵机是只有存在状态的交替式图灵机。此后，具有较小空间复杂度的交替式图灵机(特别是具有对数以下空间复杂度)的研究非常活跃，在相关文献中证明了许多重要的性质和激动人心的结果。最近，Inoue、Ito 和 Taka-nami 引入了 1 墨水点交替式图灵机，并且证明了存在一个语言能够被强 loglog n 空间限定 1 墨水点交替式图灵机识别，但不能被任何弱 $o(\log n)$空间限定交替式图灵机识别。

记号 8.1 对任意的字符串 w，$|w|$表示 w 的长度，w^R表示 w 的反转(即 w 的镜像)。对任意集合 S，$|S|$表示 S 的元素的个数。

记号 8.2 对每个整数 $n\geq 1$ 及每个整 $1\leq i\leq 2^n$，令 $B(n, i)$为表示整数 $i-1$ 的 n 位二进制数（最左位为最高有效位），即 $B(3, 1)=000$，$B(3, 2)=001$，$B(3, 3)=010$，…，$B(3, 2^3)=B(3, 8)=111$。

记号 8.3 对每个整数 $n\geq 1$ 及每个整数 $1\leq i\leq 2^n$，令

$$W(n, i)\triangleq x_{i1}B(n, 1)x_{i2}B(n, 2)\cdots x_{i2^n}B(n, 2^n)i^{2^n}。\quad (8-1)$$

式中，$x'^s_{ij}\in\{a, b\}$并且 $h(W(n, i))=B(2^n, i)$（这里，$h:\{0, 1, a, b\}\to\{\lambda, 0, 1\}$是一个同态且满足 $h(0)=h(1)=\lambda$，$h(a)=0$ 且 $h(b)=1$，这里 λ 表示空串)。

注：在 $W(n, i)$里，$B(n, j)$用来标识 $x_{ij}\in\{a, b\}$的地址($n\geq 1$，$1\leq i, j\leq 2^n$)。

记号 8.4 对每个整数 $n\geq 1$，令

$$Ruler(n)\triangleq W(n, 1)\#W(n, 2)\#\cdots\#W(n, 2^{2^n})\quad (8-2)$$

$$D(n)=\{x_1B(n, 1)x_2B(n, 2)\cdots x_{2^n}B(n, 2^n)\mid \forall i\ (1\leq i\leq 2^n)[x_i\in\{a, b\}]\}。\quad (8-3)$$

注：在 $D(n)$里，$B(n, j)$也是用来标识 $x_j\in\{a, b\}$的地址（$1\leq j\leq 2^n$）。

在本书中，令 h 为以上定义的同态，$m\in\{strong, weak\}$，并假定对数的基数为 2。

8.2 多墨水点交替式下推自动机的闭包属性

Xu 等证明了对于任意的函数 $L(n)$，loglog $n\leq L(n)=o(\log n)$，语言族

m-2UPDA$^1(L(n))$在星号、与正则运算的连接及保持长度的同态等运算下不封闭。扩展这个结果，并且证明类似的结果对于任意有限多个墨水点的情况仍然成立。以下令 $L(n)$是满足 loglog n 的任意函数，为此，提出以下引理。

引理 8.1　令

$$T=\{Ruler(n)cw_1cw_2c\cdots cw_rccu_1cu_2c\cdots cur'$$
$$\in\{0,\ 1,\ a,\ b,\ c,\ \#\}+\mid n\geqslant1\&(r,\ r'\geqslant1)\&\forall k\ (1\leqslant k\leqslant r)[w_k\in D(n)]\&$$
$$\forall l\ (1\leqslant l\leqslant r')[u_i\in D(n)]\&\exists i\ (1\leqslant i\leqslant r')[\forall j(i\leqslant j\leqslant r)[u_i\neq w_j]]\},\tag{8-4}$$

那么，$T\notin$ weak-2UTMK$(L(n))$，从而 $T\notin$ weak-2UPDA$^k(L(n))$。

证明采用反证法，假设存在一个弱 $L(n)$空间限定的 2UTM$^k M$ 接受语言 T，其中 $L(n)=o(\log n)$。

不失一般性，假定 M 只在右边界符号 \$ 处进入接受状态。对于任意的整数 $n\geqslant1$，令

$$V(n)=\{Ruler(n)cy_1ccy_2\mid y_1,\ y_2\in W(n)\&u\in D(n)\},\tag{8-5}$$

其中，

$$W(n)=\{w_1cw_2c\cdots cw_{2^{2^n}}\mid\forall i\ (1\leqslant i\leqslant_{2^{2^n}})\ [w_i\in D(n)]\}。\tag{8-6}$$

考虑 M 在字符串集合 $V(n)$上的计算路径。令 $r(n)$是 $V(n)$中每个元素的长度，则有 $r(n)=O(n\cdot2^n\cdot2^{2^n})$。同时，令 $u(n)$表示当 M 使用至少 $L(r(n))$的存储带空间时，所有可能的存储状态的个数，那么，可以得到：对于某个常数 t，$u(n)=O(t^{L(r(n))})$。

很显然，$V(n)$中的任意字符串 x 均不在 T 中，从而 x 将被 M 拒绝，也就是说，至少存在这样一个 M 的快相序列 $I_0\vdash I_1\vdash\cdots\vdash I_m$，$m\geqslant1$ 具有下列 4 个性质。其中对于 M 的任意 2 个快相 I 和 I'，如果 I'是 M 在快相 I 下经过一步计算而得到的，记为 $I\vdash I'$。

① I_0是 M 的初始快相。

② 对任意的 $0\leqslant i\leqslant m-1$，$I_i$不是一个接受快相且 I_i最多使用了 $L(x)$个工作带单元格。

③ 对于任意的 i，$j(0\leqslant i,\ j\leqslant m-1,\ i\neq j)$，有 $I_i\neq I_j$

④ I_m满足下述条件之一：

a. 快相 I_m是一个非接受的停机快相；

b. 存在某个 $0\leqslant i\leqslant m-1$，$I_m=I_i$，即快相序列中存在一个圈；

c. 快相 I_m 使用了超过 $L(|x|)$ 个的工作带单元格。

称具有上述 4 个性质的快相序列 $I_0 \vdash I_1 \vdash \cdots \vdash I_m$，$m \geqslant 1$，为 M 在 x 上的一个非接受序列。对于任意的 $y \in W(n)$，令

$$x(y) \triangleq Ruler(n)cyccy \in V(n)。 \qquad (8\text{-}7)$$

很显然，$x(y)$ 不能被 M 接受，因为它不是语言 T 的字符串。所以，至少存在一个 M 在 $x(y)$ 上的一个非接受序列。令 $comp(y) \triangleq M$ 在 $x(y)$ 上的一个特定的非接受序列，进而，对于任意的 $y \in W(n)$，定义 $cross(y)$ 为：依据 $comp(y)$，M 在穿过 $\not{c}_{x(y)}\$$ 的左半部分 $\not{c}Ruler(n)cy$ 和 $\not{c}_{x(y)}\$$ 的右半部分 $ccy\$$ 之间的边界“B”时的穿越序列，也即当 M 穿越“B”时，$comp(y)$ 上获得的二元组序列（s，$cornter$）（其中，s 是 M 的一个存储状态，$0 \leqslant counter \leqslant k$ 表示 M 在穿越“B”时所携带的尚未使用的墨水点的个数）。

对于任意的 $n \geqslant 1$，令 $C(n) = \{cross(y) \mid y \in W(n)\}$，很显然，$\$ C(n) \$$ 中元素的个数最多为所有可能的二元组 $(s, counter)$ 的全排列，也即 $|C(n)| = O(u(n)!)$，其中，$u(n) = O(t^{L(r(n))})$ 表示当 M 使用至少 $L(r(n))$ 的存储带空间时，所有可能的存储状态的个数。对于任意的 $y = w_1 c w_{2c} \cdots \mathrm{c} w_{2^{2^n}} \in W(n)$，令 $b(y) = \{u \in D(n) \mid \exists j\ (1 \leqslant j \leqslant 2^{2^n})[w_j = u]\}$，进而，对于任意的 $n \geqslant 1$，令 $R(n) = \{b(y) \mid y \in W(n)\}$，得到：

$$|R(n)| = \binom{2^{2^n}}{1} + \binom{2^{2^n}}{2} + \cdots + \binom{2^{2^n}}{2^{2^n}} = 2^{2^n} - 1。 \qquad (8\text{-}8)$$

因为已经假定 $L(n) = o(\log n)$，根据 $r(n) = \mathrm{O}(n \cdot 2^n \cdot 2^{2^n})$ 的事实可以得到，对于足够大的 n，$|R(n)| > |C(n)|$。对于这样一个足够大的 n，一定存在 2 个不同的且属于 $W(n)$ 的字符串 y 和 y'，满足下列 2 个条件：

条件 1：$b(y) \neq b(y')$，即 $b(y) - b(y') \neq \varnothing$；

条件 2：$cross(y) = cross(y')$。

不失一般性，假定存在 $u \in D(n)$，使得 $u \in b(y) - b(y')$。令 $z_1 = x(y) = Ruler(n)cy_1ccy_2$，其中 $y_1 = y_2 = y$；令 $z_2 = x(y') = Ruler(n)cy_3ccy_4$，其中 $y_3 = y_4 = y$。考虑字符串 $z = Ruler(n)cyccy'$，因为 $cross(y) = cross(y')$，可以结合 $comp(y)$ 中的边界右边的所有 ID 和 $comp(y')$ 的边界左边的所有 ID，从而得到 M 在 z 上的一个新的非接受序列。所以，z 也将被 M 所拒绝。这样，就得到一个矛盾，这是因为 y' 中存在一个片段 u 不与 y 中的任何片段相同，从而 z 是 T 的 1 个字符串。

引理 8.1 证毕。

定理 8.1　语言族 $m\text{-}2UPDA^k(L(n))$ 在下列运算下不封闭：①与正则语言的连接；②保持长度的同态；③星号。

证明①：令

$$T_1=\{Ruler(n)cw_1cw_2c\cdots cw_rccu_1cu_2c\cdots cu_{r'}\in\{0,1,a,b,c,\#\}^+ \mid n\geqslant1\&(r,r'\geqslant1)\&\forall k\ (1\leqslant k\leqslant r)[w_k\in D(n)]\&\forall 1\ (1\leqslant 1\leqslant r')[u_1\in D(n)]\&\forall j\ (1\leqslant j\leqslant r)[u_{r'}\neq w_j]\}, \tag{8-9}$$

$$T_2=\{Ruler(n)cw_1cw_2c\cdots cw_rccu_1cu_2c\cdots cu_{r'}\in\{0,1,a,b,c,\#\}^+ \mid n\geqslant1\&(r,r'\geqslant1)\&\forall k(1\leqslant k\leqslant r)[w_k\in D(n)]\&\forall 1\ (1\leqslant 1\leqslant r')[u_1\in D(n)]\}。\tag{8-10}$$

同时令

$$A_2=\{cwcu \mid w,u\in\{0,1,a,b\}^+\}^*, \tag{8-11}$$

那么，很容易证明 $T_1\in strong\text{-}2UPDA^1(\log\log n)$，$T_2\in strong\text{-}2DPDA^1(\log\log n)$ 及 $T_1A_2\cap T_2=T$。从以上事实和引理 8.1，语言族 $m\text{-}2UPDA^k(L(n))$ 在与正则语言的连接运算下不封闭得证。

证明②：令

$$T_3=\{Ruler(n)cw_1cw_2c\cdots cw_rcc_1u_1c_2u_2c_3\cdots c_{r'}u_{r'}\in\{0,1,a,b,c,\#\}^+ \mid n\geqslant1\&(r,r'\geqslant1)\&\forall k(1\leqslant k\leqslant r)[w_k\in D(n)]\&\forall 1\ (1\leqslant 1\leqslant r')[u_l\in D(n)]\&i(1\leqslant i\leqslant r')[c_i=d\&\forall j(1\leqslant j\leqslant r)[u_i\neq w_j]\&\forall p(1\leqslant p\leqslant r',p\neq i)[c_p=c]]\}。\tag{8-12}$$

很容易得到 $T_3\in strong\text{-}2UPDA^1(\log\log n)$。令 g 是一个保持长度的同态函数，使得 $g(0)=0$，$g(1)=1$，$g(a)=a$，$g(b)=b$，$g(c)=c$，$g(d)=c$ 及 $g(\#)=\#$。因此，有 $g(T_3)=T$，从这个事实和引理 8.1，语言族 $m\text{-}2UPDA^k(L(n))$ 在保持长度的同态运算下不封闭得证。

证明③：很显然 $T_1\cup A_2$ 在语言族 $strong\text{-}2UPDA^1(\log\log n)$ 中，同时，很容易得到 $(T_1\cup A_2)^*\cap T_2=T$。从这些事实和引理 8.1，语言族 $m\text{-}2UPDA^k(L(n))$ 在星号运算下不封闭得证。

8.3　语言族 $m\text{-}2UPDA^k(L(n))$ 运算的不封闭性

本章证明了亚对数空间下，具有有限多个墨水点的仅有全称状态的交替式下推自动机在星号、保持长度的同态及与正则语言的连接等运算下是不封闭的。但是，对于确定性的下推自动机，它在这些运算下是否也不封闭，还是一个未解决的问题。希望在今后的研究中解决这个问题。

第 9 章 总结和展望

9.1 研究总结

在本书中，我们研究了亚对数空间限定的交替式下推自动机的计算能力。我们引入了两种类型的自动机：亚对数空间限定的交替式下推自动机和亚对数空间限定的具有多个墨水点的交替式下推自动机。围绕这些自动机，我们研究了它们的计算复杂性和所识别语言族的闭包属性。

有关交替式下推自动机这些性质的研究是非常有意义的，因为我们认为，作为一种比交替式图灵机更为简单的并行计算模型，它们的性质解明对于当前网络环境下的并行与分布式计算的机制和复杂性问题，具有一定的指导意义。

第 1 章简单介绍了本书研究的背景，对研究基础做了一些梳理和归纳，为后续开展的研究工作做好了准备。

第 2 章给出了形式语言与自动机理论中一些重要的概念和记号，为后面几章的研究提供了基础。

第 3 章给出了 2 方向交替式下推自动机（2APDA）及其复杂性语言族的定义，同时，也给出了贯穿全文的一些记号和字符串模式。在此基础上，通过一个引理为后面几章中的定理证明打下了基础。

在第 4 章，我们首先提出了多墨水点交替式下推自动机的概念。我们研究了在亚对数空间下，墨水点个数对仅有全称状态的多墨水点交替式下推自动机计算能力的影响。我们证明了亚对数空间限定的仅有全称状态的多墨水点交替式下推自动机的计算能力随着墨水点个数的增加而增强，即这些机器的计算能力在墨水点个数上存在着无限的可扩展性。我们还研究了在亚对数空间下，仅有全称状态的多墨水点交替式下推自动机和仅有存在状态的多墨水点交替式下推自动机的计算能力的关系，证明了它们的计算能力是不可比较的，从而把文献[67]中的结果扩展到了多个墨水点的情况。

在第5章，我们研究在亚对数空间下，仅有全称状态的多墨水点交替式下推自动机所识别的语言族，以及仅有存在状态的多墨水点交替式下推自动机所识别语言族的闭包属性。我们证明了这些语言族在补、与正则语言的连接、星号及保持长度的同态运算下是不封闭的。本书的这些结果是对文献［68］中结果的一个扩展。

在第6章，我们转而研究亚对数空间限定的没有墨水点的交替式下推自动机所识别语言族的闭包属性，证明了对数空间限定的交替式下推自动机所识别语言族在连接、星号及保持长度的同态运算下是不封闭的，从而解决了文献[65]中所列出的未解决问题。

在第7章，我们引入自验证的1墨水点非确定性下推自动机，它是具有1墨水点的自验证的非确定性下推自动机。我们证明了在亚对数空间下，具有1墨水点的非确定性下推自动机的计算能力比具有1墨水点的自验证的非确定性下推自动机的计算能力强。

9.2 研究展望

通过本研究，有关亚对数空间限定的多墨水点交替式下推自动机的一些有意义的问题得到了解决。但是，我们还未能证明对于亚对数空间限定的多墨水点全交替下推自动机，其计算能力的增强是否存在一个在墨水点个数上的无限的层次性。同时，关于交替次数和墨水点个数之间是否可以替代的问题，仍然需要进一步的研究。我们希望能够在今后的工作中得到解决。

同时，当前并行计算的一个发展趋势是以集群体系架构为主，向多核和混合型发展。协作多自动机系统（Cooperating System of Finite Automata）是当前集群体系架构的一个较好的数学模型，它是一种多台自动机在同一个输入上的协作系统，这些自动机绝大部分时间在独立地工作，只是在对同一个输入单元进行处理时，才相互之间交换数据。适应当前高性能计算的趋势，我们将在今后的工作中研究交替式下推自动机的多机协作系统。

参考文献

[1] ALT H, MELHORN K. Lower bounds for the space complexity of context-free recognition [C]//Proceedings of the 33rd Int. Coll. on Automata, Languages and Programming. Berlin: Springer, 1976: 339–354.

[2] ALT H. Lower bounds for the space complexity of context-free recognition[J]. Acta informatica, 1979,12: 33–61.

[3] BALCÁZAR J L, DÍAZ J, GABARRÓ J. Structural complexity I, EATCS monograph on theoretical computer science[M]. Berlin: Springer-Verlag, 1988.

[4] BALCÁZAR J L, DÍAZ J, GABARRÓ J. Structural complexity Ⅱ, EATCS monograph on theoretical computer science[M]. Berlin: Springer-Verlag, 1990.

[5] BRAUNMÜHL B V, GENGLER R, RETTINGER R. The alternation hierarchy for sublogarithmic space is infinite[J]. Computational complexity, 1993, 3: 207–230.

[6] BUNTROCK G, HOENE A. Reversals and alternations[C] //STACS'89. Berlin: Springer, 1989: 218–228.

[7] CHANDRA A K, KOZEN D C, STOCKMEYER L J. Alternation[J]. ACM, 1981,28(1): 114–133.

[8] CHANG J H, IBARRA O H, RAVIKUMAR B. Some observations concerning alternating Turing machines using small space[J]. Information processing letters, 1987, 25: 1–9.

[9] CHOMSKY N. Three models for the description of language[J]. IRE transactions on information theory, 1956, 2: 113–124.

[10] DAVEY B A, PRIESTLEY H A. Introduction to lattices and order[M] Cambridge: Cambridge University Press, 1990.

[11] DURIS P, GALIL Z. On reversal-bounded counter machines and on pushdown automata

with a bound on the size of the pushdown store[J]. Information and control, 1982, 54: 217 -227.

[12] DURIS P, HROMOKOVIC J, ROLIM J, et al. Las Vegas versus determinism for one-way communication complexity, finite automata, and polynomial-time computations[C] //STACS 1997. Berlin: Springer, Heidelberg, 1997: 117-128.

[13] FREIVALDS R. On time complexity of deterministic and nondeterministic Turing machines [J]. Latvian math, 1979, 23: 158-165.

[14] GABARRO J. Pushdown space complexity and related full-A.F.L.s[M]. Berlin: Springer-Verlag, 1984: 250-259.

[15] GEFFERT V. Nondeterministic computations in sublogarithmic space and space constructibility[J]. SIAM journal on scientific computing,1991, 20(3): 484-498.

[16] GINSBURG S, GREIBACH S A. Abstract families of languages[Z]. Studies in abstract families of languages, Memoir No. 87, Amer. Math. Soc., 1969: 1-32.

[17] GRZEGORZ R, ARTO S. Handbook of formal language[M]. Berlin: Springer-Verlag, 1997.

[18] HARTMANIS J. Computational complexity of one-way Turing machine computations[J]. ACM, 1968, 15(2): 325-339.

[19] HOPCROFT J E, ULLMAN J D. Some results on tape bounded Turing machines[J]. ACM, 1967, 16(1): 168-177.

[20] HOPCROFT J E, ULLMAN J D. Formal languages and their relation to automata[M]. Reading: Addison-Wesley, 1969.

[21] HOPCROFT J E, ULLMAN J D. Introduction to automata theory, languages, and computation[M]. Reading: Addison-Wesley, 1979.

[22] HROMKOVIV J, SCHNITGER G. On the power of the number of advice bits in nondeterministic computations[C] //ACM STOC'96, 1996: 551-560.

[23] IBARRA O H, TRÁN N Q. On communication-bounded synchronized alternating finite automata[J]. Acta informatica, 1994, 31: 315-327.

[24] IMMERMAN N. NSPACE is closed under complement[J]. SIAM journal on scientific computing, 1988, 17: 935-938.

[25] INOUE K, TAKANAMI I, TANIGUCHI H. A note on alternating on-line Turing machines[J]. Information processing letters, 1982, 15(4): 164-168.

[26] INOUE K, TAKANAMI I, TANIGUCHI H, et al. A note on alternating online Turing machines with only universal states[J]. IEICE transactions on information and systems, 1983, E66(6): 395-396.

[27] INOUE K, TAKANAMI I, VOLLMAR R. Alternating on-line Turing machines with only

universal states and small space bounds [J]. Theoretical computer science, 1985, 41: 331-339.

[28] INOUE K, ITO A, TAKANAMI I. A relationship between nondeterministic Turing machines and 1-inkdot Turing machines with small space[J]. Information processing letters, 1992, 43: 225-227.

[29] INOUE K, ITO A, TAKANAMI I. A note on 1-inkdot alternating Turing machines with small space[J]. IEICE technical report, COMP1992-9: 92-35.

[30] INOUE K, ITO A, TAKANAMI I. On 1-inkdot alternating Turing machines with small space[J]. Theoretical computer science, 1994, 127: 171-179.

[31] INOUE K, ITO A, TAKANAMI I, et al. A note on multi-inkdot nondeterministic Turing machines with small space[J]. Information processing letters, 1993, 48: 285-288.

[32] INOUE K, TAKANAMI I, TANIGUCHI H. Two-dimensional alternating Turing machines [J]. Theoretical computer science, 1983, 27: 61-83.

[33] INOUE K, TANAKA Y, ITO A, et al. Self-verifying nondeterministic and Las Vegas multi-head finite automata[J]. IEICE transactions on fundamentals of electronics communications and computer sciences, 2001, E84-A(5): 1094-1101.

[34] ITO A, INOUE K, TAKANAMI I. A note on alternating Turing machines using small space [J]. IEICE transactions on information and systems, 1987, E70(10): 990-996.

[35] ITO A, OKAZAKI T, INOUE K. Nonclosure under complementation of two-dimensional alternating o(loglog m) space complexity class[J]. IEICE transactions on communications, 1998, 181-D-I(6): 593-603.

[36] IWAMA K. ASPACE(o(loglog n)) is regular[J]. SIAM journal on scientific computing, 1993, 22: 136-146.

[37] JIRASKOVA G, PIGHIZZINI G. Converting self-verifying automata into deterministic automata[C] //Proceedings of 3rd International Conference on Language and Automata Theory and Applications, LNCS, Tarragona, 2009, 5457: 458-468.

[38] KING K N. Measures of parallelism in alternating computation trees[C] //Proceedings of 13th ACM Symp. on Theory of Computer, 1981: 189-201.

[39] KING K N. Alternating multihead finite automata[J]. Theoretical computer science, 1988, 61: 149-174.

[40] LADER R E, LIPTON R J, STOCKMEYER L J. Alternating pushdown automata[C] // Proceedings of 19th IEEE Symp. on Foundations of Computer Science(Ann Arbor, MI.), 1978: 92-106.

[41] LEWIS P M, STEARNS R E, HARTMANIS J. Memory bounds for recognition of context-

free and context-sensitive languages[C] //IEEE Conf. Rec. on Switching Circuit Theory and Logical Design, NY, 1965: 191–202.

[42] LIŚKIEWICZ M, REISCHUK R. The complexity world below logarithmic space[C] //Proceedings of the Ninth Annual Structure in Complexity Theory, Amsterdam, 1994: 64–78.

[43] MICHEL P. A survey of space complexity[J]. Theoretical computer science, 1992, 101: 99–132.

[44] MONIEN B, SUDBOROUGH I H. On eliminating nondeterministic from Turing machines which use less than logarithmic worktape space[J]. Theoretical computer science, 1982, 21: 237–253.

[45] RANJAN D, CHANG R, HARTMANIS J. Space bounded computations: review and new separation results[J]. Theoretical computer science, 1991, 80: 289–302.

[46] RUZZO W I. Tree-size bounded alternation [J]. Journal of computer science and technology, 1980, 21: 218–235.

[47] SAVITCH W J. Relationships between nondeterministic and deterministic tape complexities [J]. Journal of computer science and technology, 1970, 4: 177–192.

[48] SEYMOUR G. Algebraic and automata-theoretic properties of formal languages[M]. Amsterdam: North-Holland, 1975.

[49] SIPER M. Halting space-bounded computations[J]. Theoretical computer science, 1980, 10: 335–338.

[50] SIPER M. Introduction to the theory of computation[M]. Boston: PWS Publishing, 1997.

[51] STEARNS R E, LEWIS P M, HARTMANIS J. Hierarchies of memory limited computations [J]. IEEE Conf. Rec. on switching circuit theory and logical design, NY, 1965: 179–190.

[52] SZELEPCSÉNYI R. The method of forced enumeration for nondeterministic automata[J]. Acta informatica, 1988, 26: 279–284.

[53] SZEPIETOWISKI A. If deterministic and nondeterministic space complexities are equal for loglog n then they are also equal for log n[J]. Theoretical computer science, 1990, 74: 115–119.

[54] SZEPIETOWISKI A. Alternating weak mode of space complexity is more powerful than the strong one[Z]. Unpublished manuscript, 1992.

[55] SZEPIETOWISKI A. Turing machines with sublogarithmic space[J]. Berlin: Springer-Verlag, 1994.

[56] TURING A. Computing machinery and intelligence[J]. Mind, 1950, 59: 433–460.

[57] WANG Y, INOUE K, TAKANAMI I. Some properties of cooperating systems of one-way finite automata[J]. IEICE Trans., 1992, J75–D–I(7): 391–399.

[58] WANG Y, INOUE K, TAKANAMI I. A note on one-way multicounter machines and cooperating systems of one-way finite automata[J]. IEICE transactions on information and systems, 1992, E76-D(10): 1302-1306.

[59] WANG Y, XU J, INOUE K, et al. A note on one-way auxiliary pushdown automata[J]. IEICE transactions on information and systems, 1995, E78-d(6): 778-782.

[60] XU J, INOUE K, WANG Y, et al. A note on alternating pushdown automata with sublogarithmic space [J]. IEICE transactions on information and systems, 1996, E79 - D (4): 259-270.

[61] XU J, INOUE K, WANG Y, et al. On multi-inkdot two-way alternating Turing machines and pushdown automata with sublogarithmic space and constant leaf-size[J]. IEICE transactions on information and systems, 1997, E80-D(1): 86-90.

[62] XU J, INOUE K, WANG Y, et al. Sublogarithmic space-bounded alternating pushdown automata with and without 1-inkdot: alternation hierarchy and related problems[J]. IEICE technical report, COMP1995-11: 95-57.

[63] XU J, INOUE K, WANG Y, et al. Some observations on alternating pushdown automata with sublogarithmic space[J]. IEICE transactions on information and systems, 1997,E80D (12): 1221-1226.

[64] XU J, INOUE K, WANG Y, et al. An infinite hierarchy on the alternation-size of alternating pushdown automata with sublogarithmic space[C] //Proceedings of the 1997 Autumn Electronics Society Conference of IEICE, Hirosima, 1997.

[65] XU J. Alternating pushdown automata with sublogarithmic space[D]. Yamaguchi: Yamaguchi University, 1998.

[66] XU J, YOSHINAGA T, INOUE K, et al. Alternation for sublogarithmic space-bounded alternating pushdown automata[J]. Theoretical computer science, 2001, 259: 475-492.

[67] XU J, CHEN Y, YOSHINAGA T, et al. On 1-inkdot alternating pushdown automata sublogarithmic space[J]. IEICE transactions on information and systems, 2003, E86-D(9): 1814-1824.

[68] XU J, LIU Y, YOSHINAGA T. A note on non-closure property of sublogarithmic space-bounded 1-inkdot alternating pushdown automata with only existential (universal) states[J]. Journal of computer science and technology, 2006, 21(6): 979-983.

[69] YOSHINAGA T, INOUE K. A note on alternating muti-counter automata with small space[J]. IPS Trans. Japan, 1994, 36(12): 2741-2753.

[70] YOSHINAGA T, INOUE K. Alternation for two-way(inkdot) multi-counter automata with sublinear space[J]. IEICE technical report, COMP95-9: 64-72.

[71] Yoshinaga T. Alternating finite automata with counters and stack-counters[D]. Yamaguchi: Yamaguchi University, 1996.

[72] Yoshinaga T, Inoue K. Sublogarithmic space-bounded multi-inkdot two-way alternating Turing machines with only universal states[J]. IEICE transactions on information and systems, 2001, E84-D(1): 61-64.

[73] YOSHINAGA T, INOUE K. Las Vegas, self-verifying nondeterministic and deterministic one-way multi-counter automata with bounded time[J]. IEICE Trans. fundamentals, 2003, E86-A(5): 1207-1212.

[74] YOSHINAGA T, XU J, INOUE K. On 1-inkdot self-verifying nondeterministic and nondeterministic Turing machines with small space[C] // Proceedings of the 2006 autumn electronics society conference of IEICE, 2006: 154-155.

附录　符号及术语表

符号	解释
$\emptyset$	空集合
∞	无穷大
$\in$	属于
$\notin$	不属于
$\subseteq$	子集或包含于;真子集或真包含于
$\cup$	并
$\cap$	交
$\times$	笛卡尔积
$\lceil x \rceil$	大于或等于 x 的最小的整数
$f(n)=o(g(n))$	如果对于任意的正常数 c,存在一个正常数 n_0,使得对于所有的 $n>n_0$,有 $f(n)\leqslant c\cdot g(n)$
$f(n)=O(g(n))$	如果存在正常数 c 和 n_0,使得对于所有的 $n>n_0$,有 $f(n)\leqslant c\cdot g(n)$
N	所有正整数的集合
2^S	集合 S 的幂集
$\lvert S\rvert$	集合 S 的基数,即 S 中元素的个数
$\bar{L}$	集合 L 的补集
XY	语言 X 和语言 Y 的连接
Σ^*	字母表 Σ 上的所有字符串的集合

续表

符号	解释
λ	空字符串,不含任何字符的字符串
Σ^n	字母表Σ上的长度为 n 的字符串
a^n	由 n 个 a 构成的字符串
$\|w\|$	字符串 w 的长度
w^R	字符串 w 的反转
$B(n,i)$	整数 $i-1$ 的 n 位二进制表示(最左位为最高有效位)
$L(M)$	自动机 M 所识别的语言
$\triangleq$	定义为
DFA	确定性有穷状态自动机
NFA	非确定性有穷状态自动机
SVNFA	自验证的非确定性有穷状态自动机
APDA	交替式下推自动机
2APDA	2 方向交替式下推自动机
2NPDA	2 方向非确定性下推自动机
2UPDA	2 方向仅有全称状态的交替式下推自动机
2DPDA	2 方向确定性下推自动机
weak-2APDA($L(n)$)	能够被弱 $L(n)$空间限定的交替式下推自动机识别的语言的集合
weak-2NPDA($L(n)$)	能够被弱 $L(n)$空间限定的非确定性下推自动机识别的语言的集合
weak-2UPDA($L(n)$)	能够被弱 $L(n)$空间限定的仅有全称状态的交替式下推自动机识别的语言的集合
weak-2DPDA($L(n)$)	能够被弱 $L(n)$空间限定的确定性下推自动机识别的语言的集合
strong-2APDA($L(n)$)	能够被强 $L(n)$空间限定的交替式下推自动机识别的语言的集合
strong-2NPDA($L(n)$)	能够被强 $L(n)$空间限定的非确定性下推自动机识别的语言的集合
strong-2UPDA($L(n)$)	能够被强 $L(n)$空间限定的仅有全称状态的交替式下推自动机识别的语言的集合
strong-2DPDA($L(n)$)	能够被强 $L(n)$空间限定的确定性下推自动机识别的语言的集合

续表

符号	解释
ATM	交替式图灵机
2ATM	2 方向交替式图灵机
2NTM	2 方向非确定性图灵机
2UTM	2 方向仅有全称状态的交替式图灵机
2DTM	2 方向确定性图灵机
weak-2ATM($L(n)$)	能够被弱 $L(n)$空间限定的交替式图灵机识别的语言的集合
weak-2NTM($L(n)$)	能够被弱 $L(n)$空间限定的非确定性图灵机识别的语言的集合
weak-2UTM($L(n)$)	能够被弱 $L(n)$空间限定的仅有全称状态的交替式图灵机识别的语言的集合
weak-2DTM($L(n)$)	能够被弱 $L(n)$空间限定的确定性图灵机识别的语言的集合
strong-2ATM($L(n)$)	能够被强 $L(n)$空间限定的交替式图灵机识别的语言的集合
strong-2NTM($L(n)$)	能够被强 $L(n)$空间限定的非确定性图灵机识别的语言的集合
strong-2UTM($L(n)$)	能够被强 $L(n)$空间限定的仅有全称状态的交替式图灵机识别的语言的集合
strong-2DTM($L(n)$)	能够被强 $L(n)$空间限定的确定性图灵机识别的语言的集合
$2APDA^k$	具有 k 个墨水点的 2 方向交替式下推自动机
$2NPDA^k$	具有 k 个墨水点的 2 方向非确定性下推自动机
$2UPDA^k$	具有 k 个墨水点的 2 方向仅有全称状态的交替式下推自动机
$2DPDA^k$	具有 k 个墨水点的 2 方向确定性下推自动机
weak-$2APDA^k(L(n))$	能够被弱 $L(n)$空间限定的具有 k 个墨水点的交替式下推自动机识别的语言的集合
weak-$2NPDA^k(L(n))$	能够被弱 $L(n)$空间限定的具有 k 个墨水点的非确定性下推自动机识别的语言的集合
weak-$2UPDA^k(L(n))$	能够被弱 $L(n)$空间限定的具有 k 个墨水点的仅有全称状态的交替式下推自动机识别的语言的集合
weak-$2DPDA^k(L(n))$	能够被弱 $L(n)$空间限定的具有 k 个墨水点的确定性下推自动机识别的语言的集合
strong-$2APDA^k(L(n))$	能够被强 $L(n)$空间限定的具有 k 个墨水点的交替式下推自动机识别的语言的集合

续表

符号	解释
strong-2NPDA^k($L(n)$)	能够被强 $L(n)$ 空间限定的具有 k 个墨水点的非确定性下推自动机识别的语言的集合
strong-2UPDA^k($L(n)$)	能够被强 $L(n)$ 空间限定的具有 k 个墨水点的仅有全称状态的交替式下推自动机识别的语言的集合
strong-2DPDA^k($L(n)$)	能够被强 $L(n)$ 空间限定的具有 k 个墨水点的确定性下推自动机识别的语言的集合
2ATM^k	具有 k 个墨水点的 2 方向交替式图灵机
2NTM^k	具有 k 个墨水点的 2 方向非确定性图灵机
2UTM^k	具有 k 个墨水点的 2 方向仅有全称状态的交替式图灵机
2DTM^k	具有 k 个墨水点的 2 方向确定性图灵机
weak-2ATM^k($L(n)$)	能够被弱 $L(n)$ 空间限定的具有 k 个墨水点的交替式图灵机识别的语言的集合
weak-2NTM^k($L(n)$)	能够被弱 $L(n)$ 空间限定的具有 k 个墨水点的非确定性图灵机识别的语言的集合
weak-2UTM^k($L(n)$)	能够被弱 $L(n)$ 空间限定的具有 k 个墨水点的仅有全称状态的交替式图灵机识别的语言的集合
weak-2DTM^k($L(n)$)	能够被弱 $L(n)$ 空间限定的具有 k 个墨水点的确定性图灵机识别的语言的集合
strong-2ATM^k($L(n)$)	能够被强 $L(n)$ 空间限定的具有 k 个墨水点的交替式图灵机识别的语言的集合
strong-2NTM^k($L(n)$)	能够被强 $L(n)$ 空间限定的具有 k 个墨水点的非确定性图灵机识别的语言的集合
strong-2UTM^k($L(n)$)	能够被强 $L(n)$ 空间限定的具有 k 个墨水点的仅有全称状态的交替式图灵机识别的语言的集合
strong-2DTM^k($L(n)$)	能够被强 $L(n)$ 空间限定的具有 k 个墨水点的确定性图灵机识别的语言的集合
2SVNPDA	自验证的 2 方向非确定性下推自动机
2SVNPDA*	具有 1 墨水点的自验证的 2 方向非确定性下推自动机
2NPDA*	具有 1 墨水点的 2 方向非确定性下推自动机
weak-2SVNPDA($L(n)$)	能够被弱 $L(n)$ 空间限定的自验证的非确定性下推自动机识别的语言的集合
weak-2SVNPDA*($L(n)$)	能够被弱 $L(n)$ 空间限定的具有 1 墨水点的自验证的非确定性下推自动机识别的语言的集合
weak-2NPDA*($L(n)$)	能够被弱 $L(n)$ 空间限定的具有 1 墨水点的非确定性下推自动机识别的语言的集合

续表

符号	解释
strong-2SVNPDA($L(n)$)	能够被强 $L(n)$ 空间限定的自验证的非确定性下推自动机识别的语言的集合
strong-2SVNPDA*($L(n)$)	能够被强 $L(n)$ 空间限定的具有 1 墨水点的自验证的非确定性下推自动机识别的语言的集合
strong-2NPDA*($L(n)$)	能够被强 $L(n)$ 空间限定的具有 1 墨水点的非确定性下推自动机识别的语言的集合
2SVNTM	自验证的 2 方向非确定性图灵机
2SVNTM*	具有 1 墨水点的自验证的 2 方向非确定性图灵机
2NTM*	具有 1 墨水点的 2 方向非确定性图灵机
weak-2SVNTM($L(n)$)	能够被弱 $L(n)$ 空间限定的自验证的非确定性图灵机识别的语言的集合
weak-2SVNTM*($L(n)$)	能够被弱 $L(n)$ 空间限定的具有 1 墨水点的自验证的非确定性图灵机识别的语言的集合
weak-2NTM*($L(n)$)	能够被弱 $L(n)$ 空间限定的具有 1 墨水点的非确定性图灵机识别的语言的集合
strong-2SVNTM($L(n)$)	能够被强 $L(n)$ 空间限定的自验证的非确定性图灵机识别的语言的集合
strong-2SVNTM*($L(n)$)	能够被强 $L(n)$ 空间限定的具有 1 墨水点的自验证的非确定性图灵机识别的语言的集合
strong-2NTM*($L(n)$)	能够被强 $L(n)$ 空间限定的具有 1 墨水点的非确定性图灵机识别的语言的集合